2014 年度教育部人文社会科学研究青年基金项目"供需不对等情形下的
环境绩效评价以及优化策略研究"（项目编号：14YJC630093）

2014 年度国家自然科学基金项目"基于消费需求的企业环境效率
评价与优化方法研究"（项目编号：71401001）

罗艳　著

考虑消费需求的环境
绩效评价与应用研究

KAOLÜ XIAOFEI XUQIU DE HUANJING
JIXIAO PINGJIA YU YINGYONG YANJIU

U0216314

中国纺织出版社有限公司

内 容 提 要

随着经济的快速发展和数字革命的到来，人们的消费方式发生重大改变，消费者在市场中拥有更多的选择权和控制权，消费对于生产的引导和约束作用逐渐显现出来。

本书将消费需求因素引入环境效率评价问题，分析消费水平对资源环境的影响程度，考虑需求变化对环境效率的影响以及这种作用机制的内在原理，定量测量消费需求与环境效率的耦合性及耦合协调度，并据此探索环境效率建模的新方法以及效率优化的新思路。

本书的读者对象包括以环境评价、绩效评估等为研究方向的高校师生，以及相关科研工作者。

图书在版编目（CIP）数据

考虑消费需求的环境绩效评价与应用研究/罗艳著
. --北京：中国纺织出版社有限公司，2022.11
ISBN 978-7-5180-9909-2

Ⅰ.①考…　Ⅱ.①罗…　Ⅲ.①顾客需求－影响－环境管理－研究－中国　Ⅳ.①X321.2

中国版本图书馆CIP数据核字（2022）第182097号

责任编辑：华长印　许润田　　责任校对：江思飞
责任印制：王艳丽

中国纺织出版社有限公司出版发行
地址：北京市朝阳区百子湾东里 A407 号楼　邮政编码：100124
销售电话：010—67004422　传真：010—87155801
http://www.c-textilep.com
中国纺织出版社天猫旗舰店
官方微博 http://weibo.com/2119887771
北京华联印刷有限公司印刷　各地新华书店经销
2022 年 11 月第 1 版第 1 次印刷
开本：710×1000　1/16　印张：13.5
字数：209 千字　定价：98.00 元

前言
Preface

　　近百年来，随着工业化和城市化进程的推进，人民生活水平和质量不断提高的同时，也带来了各类社会问题，比如贫富分化、城市人口膨胀、住房拥挤等，尤其在环境方面，人类赖以生存的地球环境日趋恶化，许多人类活动对生态环境造成的破坏甚至是不可逆转的。更糟糕的是，全球工业还在快速发展中，而且无论是废水、废气还是固体废弃物在各地区之间进行转移，曾经的蓝天白云离我们越来越远，环境污染成为摆在全人类面前的共同挑战。

　　1962年，蕾切尔·卡森（Rachel Carson）的作品《寂静的春天》在美国面世，作者列举了许多污染事件，一时震惊世界。1972年，罗马俱乐部发布了名为《增长的极限》的环境报告，警告人们要注意地球承载力的问题，不能盲目地发展。紧接着，第一次联合国人类环境会议在瑞典斯德哥尔摩举行，"只有一个地球"是本届会议的基调，会上通过了《联合国人类环境会议宣言》，激励全球人民共同保护和改善人类生存环境。在第二十七届联合国大会上，决定将每年的6月5日定为"世界环境日"，联合国系统和各个国家每年必须在这一天进行各种活动，提示全世界留意全球环境情况和人类活动对环境的危害，强调爱护和改善人类环境的重要性。1992年6月，联合国环境与发展会议在巴西里约热内卢召开，会议提出了人类可持续发展问题并颁布了《21世纪议程》。作为对此议程的回应，我国政府起草了《中国21世纪议程》并于1994年经国务院会议审核通过，成为了世界第一个制定完成此议程的国家。2002年，21世纪第一次可持续发展世界首脑会议于南非约翰内斯堡召开，大会颁布了《可持续发展问题世界首脑会议执行计划》，为人类发展文明史和世界环境史书写了新的篇章。至此以后，人类对环境问题的态度，从最初的无视，到意识到环境问题的严峻性，发展到了现如今的全球各国都在关注并积极治理的阶段。

人类利用资源环境进行的所有生产活动都是为了消费。从这个意义上讲，消费是造成资源环境压力的根本原因，而消费水平的高低也从另一个侧面折射出人口对资源环境的影响程度。消费过程中人与自然的关系是相互影响的。一方面，人们的消费如果超越了自然资源的承载能力，就会破坏生态环境和自然资源，如木材产品的消费、石油的消费、土地资源的消耗等均会导致资源耗损和环境污染；另一方面，自然生态环境也影响到人们消费需要的满足、消费水平的提高、消费结构的升级以及消费方式的合理性。深入查找导致资源环境压力的成因，是谋求可持续发展途径的根本所在。小康社会与和谐社会强调统筹人与自然的关系，缩小城乡和区域发展差距，实现共同富裕的目标。然而，为了更好地发展经济，必须找出影响发展的根源，找出产生资源环境压力的根本因素，以利于制定切实可行的人地和谐发展和缩小城乡、区域发展差距的宏观政策。

改革开放以来，我国居民收入水平不断提高，除食品支出之外，在文化教育、卫生娱乐等方面的支出逐渐增大，居民消费呈现出多样化、多层次的发展趋势。与之相对应，技术水平的快速发展、新产品的开发问世、IT 产业的不断创新也极大地满足了消费领域不断扩张的需求。当前，我国人口仍在增多，经济飞速发展，消费水平不断上升。尤其是在我国经济发展新常态下，投资和出口的发展持续放缓，消费已经成为拉动我国经济增长的主要动力，社会消费品零售总额持续增长。然而，生产和消费迅速发展的同时也给生态环境造成了巨大的压力。在借鉴西方发达国家的经验教训以及学者们的研究成果后，我国也正在积极解决环境污染和资源匮乏的问题，并力求避免陷入"先发展后治理"的模式，也取得了一些成果。但我们必须清醒地认识到，我国生态环境整体恶化以及部分地区生态破坏还未得到有效遏制。

在当前国际形势下，高投入、高能耗、高污染、低收益的"三高一低"生产方式越来越没有竞争力，在未来势必被市场逐渐淘汰。企业无论是出于自身可持续发展的考虑，还是本着对子孙后代负责的态度，都应该积极改变生产方式，不断提高经济效率和环境效率。本书在我国四十多年经济社会高速发展的大背景下，以传统的效率评价理论为基础，聚焦于居民消费与我国经济增长和生态环境压力之间的关系，并据此展开环境效率的评价研究。之所以从消费角度入手，是因为消费、生产和环境三者构成了一个相互影响的链条，归根结底，人类活动对环境的作用均始于消费，人们为了满足消费需求而进行生产，进而消耗大量资源，排放大量废弃物，造成了生态压力和环境污染。

　　围绕以上中心议题，本书着眼于将消费需求因素引入企业环境效率评价，基于大量的统计数据，分析消费水平对资源环境的影响程度，探究消费需求对环境效率的作用机制，定量测量消费需求与环境效率的耦合性及耦合协调度，揭示人类消费活动与赖以生存的自然环境之间的协调程度，并在考虑消费需求的基础上，对传统环境效率评价模型进行修正和完善，进而探索基于效率的企业生产运作优化模式。最后，以我国各省市为研究对象，研究其能源效率及变化趋势，并结合实际情况分析影响能源效率的主要因素，以期为各地区有针对性地制定能源政策提供科学依据。

罗艳

C目录

ONTENTS

第1章

绪论

哲学家们终其一生都在思考三个问题：我是谁，我从哪里来，我到哪里去？对于我们普通人来说，这些问题好像是不切实际的，我们只要做好本职工作、照顾好家庭、身体健康、寿终正寝，这一生也就算圆满了，管他前世来生如何，重要的是今生怎么过得精彩。所以，为了这今生的幸福，我们看到一辈辈人不断地探索世界、认识世界、改造世界，从刀耕火种发展到精耕细作，从茹毛饮血发展到满汉全席，从用脚丈量世界到登上太空探索宇宙奥秘，人类的智慧创造了如今这精彩纷呈的世界，进而创造了人类历史。

个体心理学创始人阿尔弗雷德·阿德勒（Alfred Adler）认为每个人都有三个纽带或者三大联系，一个人面临的所有问题都直接源于这三条纽带，其中摆在第一位的就是"我们生活在地球这个小星球的表层，而非其他地方"。这意味着，我们所有人在地球上生存、延续未来的前提是承认我们的行为受限于地球资源，我们必须在地球环境设定的限制下发展各种可能性，对这一问题的认知为我们揭示了何为必须、应当、可能和可取。尽管人类已经可以进入太空，未来可能探索甚至开采利用宇宙资源，但目前的人类活动依然主要依赖于地球资源，因此，在思考晦涩难懂的哲学三问的同时，更需要好好想想人类与地球的关系，因为这不仅关乎个体的生存，更涉及到国家的发展和人类的幸福。如阿德勒所言，"我们被束缚在地球这个小星球的表面，这个位置给我们设置了所有的有利与不利"，地球给了我们生存的空间，给我们提供生产和生活的自然资源，人类通过开采地球资源得以创设当前的美好生活，同时也承受着自然施加的各种灾害，当然也包括人类活动造成的各种灾害。

1.1　研究背景

工业革命之后，人类跨入了机器时代，带来了生产力的巨大发展和社会阶级结构的改变。工业化及其随同的变化提高了世界多数人们的生活标准，较之过去，人们有更多的货物可以使用，生产成本也更低廉。随着网络化和全球化的发展，人们对衣食住行各方面也有了更高的要求。但是，对商品的需求增加，就意味着原材料的消耗和环境的污染。工业革命尚未在全球传播开来时，人们还不知道什么是水俣病，什么是PM2.5超标，什么是光化学污染，那时的环境还可以用山清水秀来形容。在人类进化的历史上，环境污染成为"事件"是近一百年来才有的事。确切来说，工业革命带来的技术进步使得人类有了更多挑战大自然的资本，人类对自然资源的攫取变得肆无忌惮，从生态平衡被大规模打乱的那天起，环境污染就开始出现了。

世界范围内工业化和城市化进程的加快，对自然造成的影响体现在两个方面：一方面是对自然资源的过度开采和使用，另一方面是无节制地向环境排放大量的废水、废气等废弃物甚至是有害物质。这些污染物排放并没有引起人们的注意，直到后来一系列环境事故的发生。让我们来列举一些数据：1930年比利时马斯河谷烟雾事件，造成60多人丧生，许多牲畜死亡；1943年美国洛杉矶光化学烟雾事件，造成400多人死亡；1952年伦敦烟雾事件，导致4000多人死亡；1956年日本水俣病事件影响延续几十年，到1991年共造成2248人中毒，其中1004人死亡；1984年印度博帕尔事件，造成近两万人死亡，受害人数多达20多万，受害面积约40平方公里；1986年剧毒物污染莱茵河事件，致使沿河150千米内60多万条鱼被毒死，500千米以内河岸两侧的井水不能引用，莱茵河因此而"死亡"20年（洪翩翩，2013）。这些记入史册的一系列的重大污染事件对人类生存环境造成了难以衡量的破坏，致使人们健康受到威胁，给污染所在地居民带来了无尽的痛苦。令人欣慰的是，这些重大事故的发生引起了全世界对环境问题的关注，人们逐渐意识到，必须采取措施控制污染物向自然环境中排放，同时积极地对已经产生的污染进行治理。

人类活动与自然界生态环境相互依存、相互制约，环境问题正是在人类经济活动过程中产生的。经济活动为人类的生活提供所需产品，同时还生产出了副产品——废弃物，自然界对废弃物有一定程度的容纳和净化能力，但当人类排放的废弃物超出其处理能力时，就会导致环境污染和生态破坏，这些影响又反过来作用于人类经济社会，对人类的正常生产生活以及社会的可持续发展造成不利影响。当前，全球人民达成了环境保护的共识，不论是政府部门、企业还是公众，都在努力促进经济与环境的相互协调和可持续发展，社会上也出现了一些与环境治理、环境监督相关的技术和工作，如环境影响评价、污染物净化处理技术、清洁生产技术、环境监督管理等。其中，环境影响评价（简称

"环评"），是在全球范围内较普及的成熟的环境保护制度，是世界各国为了人类赖以生存环境的可持续发展，针对本国特色制定的环境保护法律制度（李淑芹、孟宪林，2011）。《环境影响评价》中指环评是"对规划和建设项目实施后可能造成的环境影响进行分析、预测和评估，提出预防或者减轻不良环境影响的对策和措施，进行跟踪监测的方法与制定"（蔡艳荣，2004），主要是在项目建设前进行污染预测分析。对处于建设期的项目或企业来说，则应主要考虑使用清洁生产技术降低污染物的生产或者使用污染物净化处理技术减少污染物的排放。

以上是从人类活动到环境污染这个角度所做的物质运动过程的简要分析，让我们再回到人类活动的前端来看。任何人类活动都建立在资源开发利用的基础上，人类离开了资源就如鱼儿离开了水一样无法生存和发展。然而，自然界的资源储量是既定的，还有相当一部分资源不可再生，当人类为发展社会经济攫取自然资源开展各项生产活动时，必然会影响并改变自然资源的原有属性和形态。全球经济在过去几十年的高速发展中是以透支资源环境为代价的，导致不可再生资源日益减少甚至枯竭，可再生资源以超过其再生速度的方式被透支使用，造成资源环境和经济发展的恶性循环。因此，在从资源到人类活动这个角度上，我们需要考虑的是如何合理利用、节约使用资源，确保未来的可持续发展。

综合以上，在"资源—生产—环境"这个链条上，人类的经济活动对自然造成了双重影响。在我们讨论环境保护这个问题时，只看到"资源—生产"或者只关注"生产—环境"都是片面的，只有二者兼顾才能找到有效地解决环境问题的途径。以企业生产为例，"资源—生产"阶段考量的是生产的效率问题，研究如何用最小的要素投入生产出尽可能多的产品，满足人类正常消费需求；"生产—环境"阶段考量的是环境绩效问题，研究如何在保证产出的情况下尽可能少地减少污染物排放，降低生产对环境的影响。鲍健强等曾指出，几乎各个领域都存在着显著提高资源和能源使用效率的巨大潜力（鲍健强等，2008）。可见，从效率评价入手，通过效率改善促进节能减排是可行的，也是解决环境问题的一个有效方式。

1.2 研究意义

1.2.1 现实需求

统计结果显示，近几十年来，尤其是 1985 年以后，中国生产效率提高的速度不及人均消费的增长速度，从现实情况来看，随着城镇化进程的加速和经济的进一步发展，以及经济增长的驱动因素进一步从投资和出口转向国内消费驱动，消费端带来的生态环境影响将会愈加显著（世界自然基金会，2012）。据国家统计局 2019 年初发布的数据，2018 年我国社会消费品零售总额同比增长 9 个百分点，最终消费支出对经济增长的贡献率达到 76.2%，而 2014 ~ 2017 年的贡献率分别是 47%、48.8%、59.9% 和 64.6%，消费已连续五年成为经济增长的第一拉动力。在资源存量和环境容量既定情况下，消费水平的提高必然造成资源环境压力的增加。按照我国学者宁军明的研究，消费的总环境影响是由购买、使用和耗费等各种消费行为共同决定的，这些消费行为与各种不同的产品的支出以及技术特征联系在一起（宁军明，2005）。我国学者吴文恒也强调了消费对资源、环境的重要影响，他甚至将消费视为环境问题的根源所在（吴文恒，2007）。

党的十八届三中全会之后，人们更加确定了消费在拉动经济增长的三驾马车中所占比重越来越大的现象，尤其在当前宏观经济增速放缓的势头下，持续有效地扩大内需已成为各界共识（中国财经新闻网，2013），发展经济和保护环境这对矛盾又再次摆在人们面前。如若企业根据现有环境效率调整生产，是通过比较现有状态和最优状态的差距从而对各类生产要素进行调整而实现的，则这一过程完全忽略了消费者选择对企业生产计划的影响作用，无法真正实现资源的有效配置，同时对于非期望产出的处理（即可能达到的减排效果）也很难令人信服。因此，综合消费者、企业和环境三个方面来探讨环境效率，不仅是企业发展的需要，也是国家构建可持续发展社会的需要，具有现实意义。

1.2.2 理论发展需要

数据包络分析（Data Envelopment Analysis，简称 DEA）是运用数学规划模型对一组具有多个投入和多个产出的决策单元进行相对效率评价的方法，由于其天然的经济背景以及相较于其他评价方法的显著优势，被广泛应用于各类系统的效率评价，并在理论研究方面取得了卓越的成就（盛昭瀚等，1996）。当前，采用DEA方法评价环境效率主要面临两大难题：一是如何定义效率指数（performance index），二是如何处理非期望产出。第一个问题主要取决于决策目标的制定以及决策者对经济和环境的偏好程度，评价对象的差异也会影响环境效率指数的构建。学者们对第二个问题的研究是效率评价领域的一个重大突破，典型代表如Färe等提出非期望产出具有联合生产和弱可处置性两条性质（Färe等，2004），Seford和Zhu提出的单调递减转换方法（Seforod and Zhu, 2002）。基于DEA方法的环境效率评价的最终目的是进行绩效优化，实现对投入、产出的改进（包括期望产出和非期望产出），一般是采取向生产前沿面投影寻找参考点获得。

本书在现有理论研究的基础上引入消费需求这一外生变量，在新的研究框架下，原有的效率评价理论存在一些缺陷，因而在以上问题的求解方法上需要改进。从环境效率评价的整个过程来看，涉及到环境效率指数的定义、生产可能集的构造、非期望产出的处理方式、基于消费需求的效率改善等方面。我们通过仔细的文献梳理鲜有发现对这些问题的研究。因此，将消费需求因素纳入绩效评估框架研究环境效率不仅是一种更为系统化的研究视角，更是对现有环境效率评价体系的补充和完善，具有理论意义。

1.3　本书结构

本书首先对研究背景进行了分析，梳理了我国资源和生态环境现状，明确研究的理论和现实意义，然后对国内外有关环境绩效评价的理论和实践进行整理论述，在分析了主流绩效评价理论和相关理论的框架下，分别探讨消费水平对资源环境的影响、消费需求对环境绩效的影响，在充分理解反弹效应及其效应分解的基础上，构建新的环境效率评价模型，并进一步扩展了需求概念，使评价结果更接近现实情况，对消费需求和环境效率的耦合性进行研究，寻求生产、消费和环境的均衡点，最后以我国能源消费为例进行实证分析。本书的研究框架如图1-1所示。

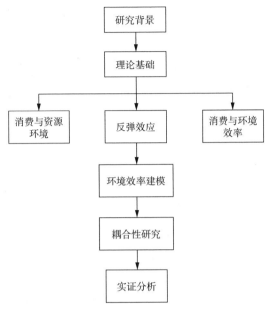

图1-1　研究框架图

从以上研究框架展开，本书主要研究内容如下：

第1章从人类改造自然的活动过程中所引发的一系列环境问题出发，论述了人类的经济活动对自然造成的双重影响，指出生产对环境造成的破坏是浅在原因，消费才是造成环境问题的根源所在，进而引出本书的中心议题——消费对资源环境的影响以及消费对环境效率评价的作用。在此基础上，阐述本研究的理论和现实意义，以及本书的研究框架和具体研究内容。

第2章详细论述了我国的资源、能源和环境现状。资源的总量、种类、分布对一个国家的发展有着至关重要的作用，并始终处于不可替代的战略性地位。在谈论环境效率问题时，资源和能源作为重要的生产要素，其种类、数量又构成了效率计算的约束条件。本章首先从土地资源、水资源、森林资源、矿产资源几个方面逐一介绍各类资源包括总量、人均拥有量、分布情况、消耗情况等在内的基本状况。然后分别从生产和消费两个方面介绍我国能源的现有状况，讨论了我国单位产值能源消耗情况、能源加工利用效率、能源结构的合理性。最后，全面介绍了我国废水、废气和固体废弃物的排放与治理情况，以及当前污染治理的市场手段和国家政策工具。

第3章首先介绍了有关环境承载力和环境效率含义的一些代表性观点，并据此给出本书中对环境效率的定义为"消费处于与社会经济发展相适应的适度水平上，经济活动产出与投入的比值"，且生产要素投入和环境压力均应纳入投入要素进行考虑。然后梳理了国内外学者对环境效率评价目的和评价指标的研究成果。最后阐释了当前主流的绩效评价理论和研究现状，包括生命周期法、多准则决策方法、随机前沿分析、数据包络分析等，以及这些方法的具体应用。

第4章首先分析了当前我国居民消费的整体情况，并进行了横向对比和纵向分析，阐释了不同地区间居民的消费差异以及改革开放四十余年来的发展态势，也就居民消费结构的变化进行了说明。然后，借助循环流动模型和物质平衡模型，阐明了生产、消费和环境三者之间的联系，为后续分析消费与资源环境压力之间的关系奠定理论基础。接着，基于环境库兹涅茨曲线假说，计算资源环境综合指数并将其作为衡量生态环境压力的指标，利用统计学方法验证了居民消费水平对资源环境的影响。最后，结合我国当前的实际状况，从"开源"和"节流"两个方面提出一些环境保护的管理建议。

第5章主要介绍反弹效应概念及其现有研究成果。大量研究已经证实了反弹效应的存在，它使得政府通过提高能源效率而进行节能减排的努力结果比预期更小，只有充分考虑反弹效应才能够更加准确地衡量和评估取得的节能减排效果。本章首先介绍了反弹效应的研究现状和反弹效应的概念，然后讨论了现有的反弹效应分类方法以及测算方法，最后就反弹效应与环境效率的关系做定性分析与说明。

第6章首先界定了在效率评价中所指的消费需求的含义，在第4章分析消费水平与环境效率之间的交互作用的基础上，将消费需求作为一个特殊变量纳入评价体系，在综合考虑资源约束、生态容量以及需求水平的情况下，进行环境效率与其影响因素的关系建模。作者注意到，除期望产出（产品）之外，非期望产出（废水、废气等）也可能受到需求量的限制，比如碳排放限额等，但两类变量的处理方式是有明显区别的。

第7章首先对消费需求和环境效率做耦合分析，从系统耦合的角度入手，把消费需求和环境效率作为两个相互耦合的系统，定量测量二者之间的耦合性，探索人类消费活动与赖以生存的自然环境之间的协调程度。具体操作上，选取了我国2006~2015年经济发展宏观数据，分别以居民消费水平指数和环境效率值作为消费和环境的综合评价值，定量测算消费与环境的耦合程度，以及十年间二者耦合变化的发展趋势。然后以二手商品为例，分析了消费的外部性问题，并通过均衡分析验证了二手商品交易对环境存在着正外部性，鼓励商品的重复利用，有利于节约自然资源。

第8章从与环境质量相关度较高的能源效率入手，首先介绍了学者们对能源效率的定义，为后续构建绩效指标提供借鉴。然后，采用博弈交叉效率模型，对我国28个省、自治区、直辖市（部分省市因数据缺失而剔除）的能源效率展开系统的研究，并结合实际情况分析影响其能源效率的主要因素，分析部分地区能源效率低下的原因，以期为各地区有针对性地制定能源政策提供科学依据。

第9章为结语部分，对全书研究内容和所得结论做一个总结，指出现有研究中存在的不足之处，以及未来可以进一步深入或拓展的方向。

第 2 章

我国资源、能源及环境现状

2.1 我国资源现状

有关自然资源（以下简称资源）的概念，不同领域不同学科的说法并不完全相同，同时按照不同的标准，资源的类别也并不相同，但其具有的重要性和战略价值是全球国家广泛认可的。资源作为重要的生产要素之一，在一国的经济发展过程中始终处于不可替代的战略性地位。古往今来世界各地，无数矛盾冲突乃至是战争皆因资源争夺而起，对资源进行有效且高效的利用已然成为各国追求的重要发展目标，也是实现社会生态文明建设的必然要求。

资源的总量、种类、分布对一个国家的发展有着至关重要的作用，资源分布的不平衡将直接影响到地区发展水平以及社会分化程度，所以了解国家资源的现状具有重要的基础意义。但与此同时，人类过度开发自然资源所产生的严重环境问题以及全球性气候问题引起了人们的担忧，追求高速度乃至接近自然接受极限速度的经济增长方式已经给人类生存的地球带来不利的影响，转向经济绿色发展、可持续发展，均衡资源开发力度、融合全球资源已经成为新的经济增长方式。

我国的自然资源主要包括土地资源、水资源、森林资源、矿产资源等，下面将逐一介绍各类资源的基本状况。

2.1.1 土地资源

我国国土面积辽阔，陆地面积约为960万平方公里，位居世界第三。但人均面积狭小，约为8000平方米，不足世界均值的1/3。

1. 土地资源特征

整体来看，在我国国土上，牧草地、林地、耕地的总和已经超过一半，占据主导地位。农业用地中林地占比重26.3%高居第一，牧草地面积22.8%紧随其后，其次为耕地面积，仅有14.1%，园地面积所占比重最低，只有1.5%；我国未利用土地所占面积比重也较大，主要分布在我国的西北地区，高原山地较多，同时身处内陆，干旱少雨，水源不足，土地状况较为复杂，包括沙漠、戈壁、荒漠、石砾地、沼泽地等。这部分地区人口较为稀疏，自然条件差，开发起来难度十分大（图2-1）。

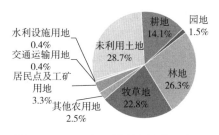

图2-1 2017年土地利用结构示意图

分区域来看，我国土地资源的区域分布特征十分明显，东、中、西部差距明显，东部地区耕地、林地、园地、居民点以及交通用地等比重高于中西部地区。水土资源分布的不均衡以及地形地貌特征上的差异，直接影响到了东、中、西部的发展程度，东部人口密度和经济发展水平高，西部地广人稀、经济落后。

由于自然环境上的差异，我国的耕地主要集中在东部地区。但东部由于气候条件的原因，南北方水资源的差异较为明显，南方水资源较为丰富，耕地以水田为主。北方水源相对匮乏，以旱地为主。西北部地区常年干旱少雨，沙漠、戈壁、石山主要集中于此处。西南部地区由于地形特征，形成高原山地气候，因气候垂直变化显著，湿度大、多雾多雨水，此处主要为草原、草地和森林。东北地区因其特殊的气候条件和地理位置，孕育出许多特色产品，此处也是重要的森林分布地。

我国土地利用状况除区域特征较明显外，质量特征也很显著。整体上看东部地区土地资源质量要高于西部地区，这与气候条件的差异是分不开的，西北部地区常年干旱缺水，主要为沙漠、荒漠、戈壁等，土壤贫瘠。资料显示，我国中低产田占总耕面积的78.46%，主要分布在西北干旱地区、黄土高原、华北以及东北地区。

2. 土地资源人均拥有量

根据表2-1数据，我国2017年土地利用面积最大的是林地，为252.8万平方千米，土地利用面积第二的为牧草地，面积为219.3万平方千米，尽管耕地面积排在牧草地之后，但其与林地、牧草地面积相差甚大，仅有134.9万平方千米，接近于我国18亿亩的耕地面积红线（王阿燕等，2015）。耕地面积的变化将直接影响到我国粮食产量与国家安全，守住耕地面积红线的重要性不言而喻。土地资源利用中的居民点及工矿用地、其他农用地以及园地面积都较少，交通运输用地与水利设施用地所占面积最少。

表2-1　2017年我国土地状况表

项目	面积/万平方千米
耕地	134.9
园地	14.2
林地	252.8
牧草地	219.3
其他农用地	23.6
居民点及工矿用地	32.1
交通运输用地	3.8
水利设施用地	3.6

注：数据来源于《中国统计年鉴2018》，未利用土地不包含在其中。

本书以我国人口总数14亿作为基数，根据2017年土地利用数据，进行相应的运算得到土地资源的人均拥有量，具体数据如表2-2所示。

表2-2　人均土地资源拥有量

项目	我国人均拥有量/平方米
耕地	963.57
林地	1805.71
牧草地	1566.43

中国耕地面积总量大，但平均到个人头上却相当少，根据2017年数据，我国人均耕地面积仅为963.57平方米，人均林地面积1805.71平方米，人均牧草地面积1566.43平方米。

从古至今，土地资源一直十分重要。《说文解字》明确指出："土，地之吐生万物也"，《白虎通》则言，"人非土不立，非谷不食"。我国土地资源虽总量丰富但人均却又十分稀少，所以合理利用好每一块土地十分有必要。但近年来由于人类不断向自然索取，过垦过牧等行为致使土地退化、荒漠化、水土流失等问题频现,城镇化建设又加剧了对耕地的占用,而工业化生产的肆意排放也造成污染物的堆积,都严重损害了我国的土地资源。

2.1.2 水资源

21世纪的今天,水资源正在成为一种宝贵的资源。水是构成人体的主要成分,没有水人类便无法生存,水资源的重要性显而易见,但中国的水资源目前已经处于短缺状态。

淡水资源主要包括地表水和地下水,有学者指出,当前我国的地表水以及地下水的开发已趋于饱和状态,并且水污染十分严重,所以只有治理水污染、浪费等问题,改善中国水生态环境,才能摆脱缺水困境(王熹等,2014)。

1. 水资源总量及人均拥有量

我国水资源总量丰富,约为27000亿平方米,占全球水资源的6%,居世界第四。但根据第六次人口普查结果显示,我国人口总数占世界总数约为1/6,人口数量多致使用水量巨大与水资源稀缺之间的矛盾一直难以调和。据专家估计,到2025年世界上缺水人口将超过25亿,约为世界人口的1/3,这一数字比例相当可怕。

表2-3提供了2000~2017年我国水资源总量的数据资料,包括了地表水资源量与地下水资源量、地表水与地下水重复量以及人均拥有量的具体数值。

表2-3 2000~2017年我国水资源情况表

年份	水资源总量/ 亿立方米	地表水资源量/ 亿立方米	地下水资源量/ 亿立方米	地表水与地下水 重复量/ 亿立方米	人均拥有量/ 立方米·人$^{-1}$
2000	27700.8	26561.9	8901.9	7363.0	2193.9
2005	28053.1	26982.4	8091.1	7020.4	2151.8
2006	25330.1	24358.1	7642.9	6670.8	1932.1
2007	25255.2	24242.5	7617.2	6604.5	1916.3
2008	27434.3	26377.0	8122.0	7064.7	2071.1
2009	24180.2	23125.2	7267.0	6212.1	1816.2
2010	30906.4	29797.6	8417.0	7308.2	2310.4
2011	23256.7	22213.6	7214.5	6171.4	1730.2

续表

年份	水资源总量/ 亿立方米	地表水资源量/ 亿立方米	地下水资源量/ 亿立方米	地表水与地下水 重复量/ 亿立方米	人均拥有量/ 立方米·人$^{-1}$
2012	29528.8	28373.3	8296.4	7140.9	2186.2
2013	27957.9	26839.5	8081.1	6962.7	2059.7
2014	27266.9	26263.9	7745.0	6742.0	1998.6
2015	27962.6	26900.8	7797.0	6735.2	2039.2
2016	32466.4	31273.9	8854.8	7662.3	2354.9
2017	28761.2	27746.3	8309.6	7294.7	2074.5

注：数据来源于《中国统计年鉴2018》。

　　根据我国水资源情况表，绘制出了相应的水资源情况折线图。如图2-2所示，2000~2017年我国水资源总量逐年波动，其中在2009~2012年时间段波动较大，其他时间段波动较小，处于相对平稳状态，地表水资源量与水资源总量变化波动状态基本吻合，而地下水资源量处于相当平稳的状态，各年间变化不大。由此可以看出，水资源总量主要受地表水资源量影响，而且地下水资源量与地表水资源量数值趋同，所以我国水资源总量主要是由地表水资源构成，地下水资源所占比重较小，同时水资源总量的波动基本上由地表水资源量决定。

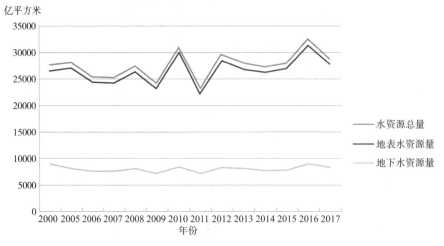

图2-2　水资源情况折线图

地表水资源的形态主要是河流、湖泊以及湿地，它主要是由经年累月的降水和降雪汇集而成，降水地带主要在我国东、南部地区，总体上从东南向西北逐渐减少，在时间上夏季受季风气候影响显著，东部、东南部以及西南部降水量较多，降雪积累形成的地表水资源主要分布在高大山地以及西南部高原地区。

由表 2-3 最后一列数据可知，2000~2017 年我国水资源的人均拥有量一直在 2000 立方米／人左右波动，处于平稳状态。尽管我国水资源总量在全球排名靠前，但人均水资源排名已经在一百名之外，人均水资源十分匮乏。

2. 分布情况

表 2-4 给出了我国 31 个省、自治区、直辖市的数据（不包括我国港澳台数据），在水资源总量上，西藏水资源最为丰富，是我国少有的水资源富有地区和重要资源战略储备地。西藏的地表水相当丰富，其地区内有许多流量与流域面积大的河流，包括金沙江、怒江、澜沧江和雅鲁藏布江等。西藏境内流域面积大于 10000 平方千米的河流有 20 余条，大于 1000 平方千米的湖泊有 3 个，湖泊总蓄水量约为 4800 亿立方米。除了河流之外，西藏因其身处高原地区并且拥有高大山脉，导致它的固态水（即存雪、冰山）的储量非常丰富。水资源总量的丰富再加上西藏人口较少，致使该地人均水资源量远高于其他地区。

四川的水资源总量排在第二名，根据《四川年鉴》中数据，四川省降水量丰富，2017 年全省降水总量为 4558.49 亿立方米。四川独特的盆地地形致使其蒸发的水汽无法扩散，会继续形成降雨，所以该地阴雨天气较多。与此同时，四川境内河流有 1419 条，河流径流量大，有"千河之省"之称，境内遍布湖泊冰川，有天然湖泊 1000 多个、冰川约 200 余条，和一定面积的沼泽，地表水非常丰富（李雪菲，2012）。

表2-4　分省市水资源情况表

地区	水资源总量／亿立方米	地表水资源／亿立方米	地下水资源／亿立方米	地表水地下水重复／亿立方米	人均水资源／立方米·人$^{-1}$
北京	29.8	12.0	20.4	2.6	137.2
天津	13.0	8.8	5.5	1.3	83.4
河北	138.3	60.0	116.3	38.0	184.5
山西	130.2	87.8	104.1	61.7	352.7

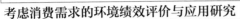

续表

地区	水资源总量/亿立方米	地表水资源/亿立方米	地下水资源/亿立方米	地表水地下水重复/亿立方米	人均水资源/立方米·人$^{-1}$
内蒙古	309.9	194.1	207.3	91.5	1227.5
辽宁	186.3	161.0	86.6	61.3	426.0
吉林	394.4	339.8	133.3	78.7	1447.3
黑龙江	742.5	626.5	273.2	157.2	1957.1
上海	34.0	27.8	9.2	3.0	140.6
江苏	392.9	295.4	114.5	17.0	490.3
浙江	895.3	881.9	204.3	190.9	1592.1
安徽	784.9	717.8	201.0	133.9	1260.8
福建	1055.6	1054.2	287.5	286.1	2711.9
江西	1655.1	1637.2	379.5	361.6	3592.5
山东	225.6	139.1	151.1	64.6	226.1
河南	423.1	311.2	206.5	94.6	443.2
湖北	1248.8	1219.3	319.0	289.5	2118.9
湖南	1912.4	1905.7	436.8	430.1	2795.5
广东	1786.6	1777.0	440.7	431.1	1611.9
广西	2388.0	2386.0	446.6	444.6	4912.1
海南	383.9	380.5	96.8	93.4	4165.7
重庆	656.1	656.1	116.1	116.1	2142.9
四川	2467.1	2466.0	607.5	606.4	2978.9
贵州	1051.5	1051.5	260.8	260.8	2947.4
云南	2202.6	2202.6	762.0	762.0	4602.4
西藏	4749.9	4749.9	1086.0	1086.0	142311.3
陕西	449.1	422.6	141.6	115.1	1174.5
甘肃	238.9	231.8	133.4	126.3	912.5
青海	785.7	764.3	355.7	334.3	13188.9
宁夏	10.8	8.7	19.3	17.2	159.2
新疆	1018.6	969.5	587.0	537.9	4206.4

注：数据来源于《中国统计年鉴2018》。

紧接着四川之后的是广西、云南地区，但这两地的水资源之和都没有西藏多。水资源量最少的是宁夏回族自治区，其深居内陆、远离海洋的地理位置，不仅造成了宁夏降水稀少的现状，也形成了它的气候特征——温带大陆性气候。不过，降水的稀少不足以使得宁夏水资源总量位于全国各地的末尾，还有一个重要的原因就是宁夏回族自治区内丘陵沟壑林立，除了黄河流经之外，基本上没有其他河流，而水资源的匮乏也导致了它经济上的穷困。

除此之外，本文还要提一下北京、天津、河北、河南四地，统计数据显示，这四地的水资源总量都较少，相应地人均水资源也较为匮乏。天津人均水资源为四地中最少，人口数量庞大也加剧了河南的用水情况。为了改变南方水多，北方水资源匮乏的现状，于是便有了著名的"南水北调"工程。

3. 消耗情况

关于水资源的消耗情况，表2-5分别给出了2000～2017年年度用水情况以及各地（不包括港澳台数据）2017年用水数据，其中包括农业用水、工业用水、生活用水、生态用水的具体数据。

表2-5　2000～2017年年度用水情况表

年度	用水总量/ 亿立方米	农业/ 亿立方米	工业/ 亿立方米	生活/ 亿立方米	生态/ 亿立方米	人均/ 立方米·人$^{-1}$
2000	5497.6	3783.5	1139.1	574.9	—	435.4
2005	5633.0	3580.0	1285.2	675.1	92.7	432.1
2006	5795.0	3664.4	1343.8	693.8	93.0	442.0
2007	5818.7	3599.5	1403.0	710.4	105.7	441.5
2008	5910.0	3663.5	1397.1	729.3	120.2	446.2
2009	5965.2	3723.1	1390.9	748.2	103.0	448.0
2010	6022.0	3689.1	1447.3	765.8	119.8	450.2
2011	6107.2	3743.6	1461.8	789.9	111.9	454.4
2012	6131.2	3902.5	1380.7	739.7	108.3	453.9
2013	6183.4	3921.5	1406.4	750.1	105.4	455.5
2014	6094.9	3869.0	1356.1	766.6	103.2	446.7
2015	6103.2	3852.2	1334.8	793.5	122.7	445.1

续表

年度	用水总量/ 亿立方米	农业/ 亿立方米	工业/ 亿立方米	生活/ 亿立方米	生态/ 亿立方米	人均/ 立方米·人$^{-1}$
2016	6040.2	3768.0	1308.0	821.6	142.6	438.1
2017	6043.4	3766.4	1277.0	838.1	161.9	435.9

注：1.生态用水包括部分河湖、湿地人工补水和城市环境用水。
2.数据来源于《中国统计年鉴2018》。

根据年度用水数据表绘制出年度用水折线图，可以更好地反映数据逐年间的变化。在统计区间内，用水总量的变动基本可以分为两个阶段，第一阶段是在2000~2013年，用水总量逐年上升，并在2013年达到用水峰值；第二阶段是在2013~2017年，用水总量略微有所下降并逐渐趋于稳定（图2-3）。

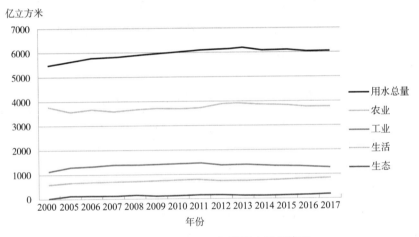

图2-3 2000~2017年度用水量折线图

在各行业年度用水消耗量上，农业用水始终遥遥领先于其他三类（工业、生活、生态）用水，并且超过了其他三类用水量的总和，2017年农业用水在我国用水总量的占比已经达到62.3%。我国农业用水量巨大，但农作物真正吸收的水分却少之又少，所以在节约水资源上可以以农业为突破重点，改善灌溉方式，发展节水农业。排在农业用水之后的是工业用水、生活用水。用水量最少的行业是生态用水，并且一直处于较为稳定的状态（表2-6）。

地区用水量最高的省份是江苏省，江苏地处我国东南沿海地区，降水量丰富也决定了其可用水资源的富裕，气候条件优越，农业发达，农业用水量高。

此外，江苏省经济发达，吸引了很多外出务工人员，所以无论在工业还是生活上用水都较多。地区用水量紧跟江苏之后的是新疆地区，新疆面积辽阔，境内多高大山脉，产生一定的降水，其2017年水资源总量排全国第11位。但由于地理位置以及地势的原因，新疆经济落后，人口稀疏，主要发展农业，故其农业用水占据了主导，但农业技术的落后导致水资源浪费严重，工业用水、生活用水、生态用水相对稀少。所有省份中，青海的消耗水资源总量最少。

同土地资源一样，我国水资源总量巨大但人均拥有量过少，从人均水量上来说我国是一个水资源缺乏的国家。水是人类生存的基本要素，了解我国水资源的现状意义重大，同时我国水资源的状况也该引起人们的关注与思考，水资源的合理使用关乎人类的存亡，节约用水应从你我做起。

表2-6　2017年中国各地区用水情况表

地区	用水总量/亿立方米	农业/亿立方米	工业/亿立方米	生活/亿立方米	生态/亿立方米	人均/立方米·人$^{-1}$
北京	39.5	5.1	3.5	18.3	12.7	181.9
天津	27.5	10.7	5.5	6.1	5.2	176.3
河北	181.6	126.1	20.3	27	8.2	242.3
山西	74.9	45.5	13.5	12.8	3	202.9
内蒙古	188	138.1	15.7	11	23.1	744.7
辽宁	131.1	81.6	18.6	25.4	5.5	299.8
吉林	126.7	89.8	18.1	14.1	4.7	465
黑龙江	353.1	316.4	19.7	15.4	1.5	930.7
上海	104.8	16.7	62.7	24.6	0.8	433.3
江苏	591.3	280.6	250.1	58.5	2.1	737.8
浙江	179.5	80.9	46.1	47	5.5	319.2
安徽	290.3	158.2	92.2	33.8	6.2	466.3
福建	192	91.2	64.4	33.2	3.2	493.3
江西	248	156.3	60.5	28.9	2.3	538.3
山东	209.5	134	28.8	34.6	12	210
河南	233.8	122.8	51	40.2	19.8	244.9
湖北	290.3	148.1	87.8	53.2	1.2	492.6

续表

地区	用水总量/亿立方米	农业/亿立方米	工业/亿立方米	生活/亿立方米	生态/亿立方米	人均/立方米·人$^{-1}$
湖南	326.9	193.7	86	44.5	2.8	477.8
广东	433.5	220.3	107	100.9	5.3	391.1
广西	284.9	195.8	46	40.2	3	586
海南	45.6	33.3	3	8.4	0.8	494.8
重庆	77.4	25.4	30.4	20.5	1.1	252.8
四川	268.4	160.5	51.4	50.7	5.8	324.1
贵州	103.5	58.9	24.8	18.8	0.9	290.1
云南	156.6	108.5	23.4	21.7	3.1	327.2
西藏	31.4	26.9	1.5	2.7	0.2	940.8
陕西	93	58.2	14.3	17	3.5	243.2
甘肃	116.1	92.3	10.4	8.7	4.7	443.5
青海	25.8	19.2	2.5	2.9	1.2	433.1
宁夏	66.1	56.7	4.5	2.3	2.5	974.3
新疆	552.3	514.4	13.1	14.7	10.2	2280.8

注：数据来源《中国统计年鉴2018》。

2.1.3 森林资源

辽阔的国土及多样的地理环境决定了我国森林资源总量的丰富，但庞大的人口数量同样致使我国人均森林资源的匮乏。森林资源的意义非凡，对于维护地球的生态平衡发挥着巨大作用，它可以涵养水资源、固持土壤、固碳释氧、吸收二氧化硫及大气污染物、保持生物系统多样性、调节气候并影响地表温度和空气湿度（王玉芳、吴立卫，2010）。但我国传统的"边建设边破坏"的发展方式对森林造成了巨大损害，林业生态建设仍需不断努力（李朝洪、赵晓红，2018）。

1. 总量及分地区森林资源

我国有三大著名林区，分别为东北、西南和南方林区。东北林区是我国最大的天然林区，主要分布在大兴安岭、小兴安岭、长白山地；西南林区是我国的第二大天然林区，主要包括横断山区、雅鲁藏布江大拐弯地区，以及喜马拉雅山南坡等地区。秦岭、淮河以南，云贵高原以东的广大地区，属于我国第三个大林区——南方林区（表2-7）。

表2-7 2017年分地区森林资源情况表

地区	林业用地面积/平方千米	森林及人工林面积/平方千米		森林覆盖率/%	活立木总蓄积量/万立方米	森林蓄积量/万立方米
全国	3125900	2076873	693338	21.63	1643281	1513730
北京	10135	5881	3715	35.84	1828.04	1425.33
天津	1562	1116	1056	9.87	453.98	374.03
河北	71808	43933	22090	23.41	13082.23	10774.95
山西	76555	28241	13181	18.03	11039.38	9739.12
内蒙古	439889	248790	33165	21.03	148415.9	134530.5
辽宁	69989	55731	30708	38.24	25972.07	25046.29
吉林	85619	76387	16056	40.38	96534.93	92257.37
黑龙江	220740	196213	24653	43.16	177721	164487
上海	773	681	681	10.74	380.25	186.35
江苏	17870	16210	15682	15.8	8461.42	6470
浙江	66074	60136	25853	59.07	24224.93	21679.75
安徽	44318	38042	22507	27.53	21710.12	18074.85
福建	92682	80127	37769	65.95	66674.62	60796.15
江西	106966	100181	33860	60.01	47032.4	40840.62
山东	33126	25460	24452	16.73	12360.74	8919.79
河南	50498	35907	22712	21.5	22880.68	17094.56
湖北	84985	71386	19485	38.4	31324.69	28652.97
湖南	125278	101194	47461	47.77	37311.5	33099.27
广东	107644	90613	55789	51.26	37774.59	35682.71
广西	152717	134270	63452	56.51	55816.6	50936.8
海南	21449	18777	13620	55.38	9774.49	8903.83
重庆	40628	31644	9255	38.43	17437.31	14651.76
四川	232826	170374	44926	35.22	177576	168000

续表

地区	林业用地面积/平方千米	森林及人工林面积/平方千米	森林覆盖率/%	活立木总蓄积量/万立方米	森林蓄积量/万立方米
贵州	86122	65335	23730	37.09	34384.4	30076.43
云南	250104	191419	41411	50.03	187514.3	169309.2
西藏	178364	147156	488	11.98	228812.2	226207.1
陕西	122847	85324	23697	41.42	42416.05	39592.52
甘肃	104265	50745	10297	11.28	24054.88	21453.97
青海	80804	40639	744	5.63	4884.43	4331.21
宁夏	18010	6180	1443	11.89	872.56	660.33
新疆	109971	69825	9400	4.24	38679.57	33654.09

注：数据来源于《中国统计年鉴2018》。

表2-7显示我国2017年林业用地面积为3125900平方千米，森林面积为2076873平方千米，森林覆盖率为21.63%，活立木总蓄积量为1643280.62万立方米，森林蓄积量为1513729.72万立方米。在各地区森林资源排名上，内蒙古林业用地面积与森林均居于各地区的首位，绝对数值大，分别占全国总量的14%和12%，已经是较高的比例。人工林面积最大的地方为广西，面积为63452平方千米。在森林覆盖率上，福建、江西、浙江位于地区前三名。林业用地面积和森林面积最低的是上海，我们注意到，上海的人造林面积与森林面积相等，也就意味着上海的森林全部为人造林。不过森林覆盖率最低的地区并非上海而是新疆地区，尽管其区域面积辽阔但其自然环境较恶劣，多为沙漠、荒漠、戈壁，林地面积较小。

2. 人造林

过去几十年传统粗犷式的发展方式致使森林的乱砍滥伐现象严重。森林资源对于全球环境的作用重大，为弥补森林资源不足，改善森林资源现状，人工造林发挥了重要的作用。人类根据林木生长规律进行人工造林，不仅改善了部分地区森林覆盖率低的问题，也在一定程度上改善了部分荒山、荒地以及沙漠无林的状况。

表2-8列出了2000～2017年全国总的造林面积和按造林方式划分的不同数

值，以及分地区2017年人工造林数值。在统计区间内，人工造林总体呈上升趋势，伴随着阶段性的波动，其中在2006、2007两年人造林面积较之前出现明显下降，随后几年处于较为稳定的状态，到2015年人工造林面积首次突破7万平方千米，并在后三年保持在此数值以上。在造林方式上人工造林一直是主要的方式，飞机造林所占比重较小。2017年各地区数据显示，内蒙古人工造林面积居于全国之首，为6804.53万平方千米，贵州仅次于内蒙古排名第二，人工造林面积最少的是上海。

表2-8 人工造林情况表　　　　单位：万平方千米

年份地区	造林面积	按造林方式分				
		人工造林	飞机造林	新封山育林	退化林修复	人工更新
2000	51051.38	43450.08	7601.3			
2005	54037.91	32315.56	4163.86	17558.49		
2006	38387.94	24461.22	2718.03	11208.69		
2007	39077.11	27385.21	1186.71	10505.19		
2008	53543.87	36849.13	1540.65	15154.09		
2009	62623.3	41562.93	2263.37	18797		
2010	59099.19	38727.62	1959.48	18412.09		
2011	59966.13	40656.93	1969.31	17339.89		
2012	55957.91	38207.04	1364.09	16386.78		
2013	61000.57	42096.86	1544	17359.71		
2014	55496.12	40529.12	1080.55	13886.45		
2015	76836.95	43625.89	1283.9	21528.77	7393.34	3005.05
2016	72035.09	38236.56	1623.22	19536.38	9910.88	2728.05
2017	76807.11	42958.9	1412.2	16571.69	12809.93	3054.39
北京	403.39	92.8		126.66	183.33	0.6
天津	122.24	95.57		26.67		
河北	4812.71	3717.7	202.39	847.9	16.72	28
山西	3119.68	2799.68		320		
内蒙古	6804.53	3463.09	683.13	1380.68	1255.97	21.66

续表

年份地区	造林面积	按造林方式分				
		人工造林	飞机造林	新封山育林	退化林修复	人工更新
辽宁	1442.23	569.29		553.3	250.14	69.5
吉林	1530.38	808.4			624.95	97.03
黑龙江	975.91	365.79		422.5	186.88	0.74
上海	26.8	26.8				
江苏	365.72	339.68			1.43	24.61
浙江	440.54	84.5		22.23	249.36	84.45
安徽	1449.26	566.67		419.05	402.41	61.13
福建	2335.85	80.94		1443.38	200.24	611.29
江西	2824.07	894.05		685.92	1180.66	63.44
山东	1421.95	923.06		5.34	178.82	314.73
河南	1809.29	1262.81	137.33	198.36	210.79	
湖北	4008.4	1623.28		674.59	1670.49	40.04
湖南	5541.39	1860.88		1608.76	1986.3	85.45
广东	2705.88	807.39		890.07	660.25	348.17
广西	1760.81	545.78		260.95	27.4	926.68
海南	128.79	46.26			2	80.53
重庆	2280.52	1007.92		632.63	633.64	6.33
四川	6583.7	4839		615.48	1079.86	49.36
贵州	6783	5845.49		821.51	116	
云南	3871.58	2777.16		724.61	369.72	0.09
西藏	826.67	374.8		451.87		
甘肃	3254.31	2803.46		354.19	96.66	
青海	1988.09	566.31		1388.44	33.34	
宁夏	782.38	455.31		190.62	71.98	64.47
新疆	2823.84	1657.37	49.33	921.95	161.35	33.84
大兴安岭	235.34	26.67			208.67	

注：1.自2015年起造林面积包括人工造林、飞播造林、新封山育林、退化林修复和人工更新。

2.数据来源于《中国统计年鉴2018》。

2.1.4 矿产资源

矿产资源形成时间漫长、储量有限且不可再生，是人类社会发展所必需的资源，所以合理开发与利用矿产资源直接关乎到我国的社会发展与国际地位。2018 年我国成立自然资源部，统一行使我国自然资源所有者职责，以增强矿产资源管理能力。同时，国家不断修订与完善矿产资源管理政策，不断加大地质调查工作力度，实施矿产资源科技创新战略，并且进一步与有关国家进行矿业交流与合作。

1. 新发现矿物

2017 年 11 月，国土资源部发布发现矿种公告——天然气水合物，分海域天然气水合物和陆地天然气水合物。海域天然气水合物产地为南海神狐海域，发现时间为 2007 年 6 月；陆域天然气水合物产地为青海祁连山，时间为 2008 年 11 月。

2. 查明资源储量变化

中国广阔的国土面积，为其矿产的存储提供了足够的空间，同时，中国复杂的地势地貌也为矿产资源的产生提供了一定的条件。其各断代层齐全，又有亚欧板块、太平洋板块、印度洋板块多板块的作用，为形成多样性的矿产创造了良好的地质构造条件。上述多种条件的综合，使得中国成为一个矿产资源大国。截至 2017 年年底，我国已发现矿产 173 种，表 2-9 所示其中 48 种主要矿产资源及已查明储存量。相较于 2016 年，主要矿产中有 42 种查明资源储量在 2017 年有所增长，6 种矿产资源储量下降。

表2-9 主要矿产查明资源储量

序号	矿产	单位	2016年	2017年	增减变化/%
1	煤炭	亿吨	15980.01	16666.73	4.3
2	石油	亿吨	35.01	35.42	1.2
3	天然气	亿立方米	54365.46	55220.96	1.6
4	煤层气	亿立方米	3344.04	3025.36	-9.5
5	页岩气	亿立方米	1224.13	1982.88	62.0
6	铁矿	亿吨	840.63	848.88	1.0

续表

序号	矿产	单位	2016年	2017年	增减变化/%
7	锰矿	亿吨	15.51	18.46	19.1
8	铬铁矿	亿吨	1233.19	1220.24	−1.1
9	钒矿	万吨	6401.77	6428.16	0.4
10	钛矿	亿吨	7.86	8.19	4.2
11	铜矿	万吨	10110.63	10607.75	4.9
12	铅矿	万吨	8546.77	8967.00	4.9
13	锌矿	万吨	17752.97	18493.85	4.2
14	铝土矿	亿吨	48.52	50.89	4.9
15	镍矿	万吨	1118.37	1118.07	0.0
16	钴矿	万吨	67.25	68.78	2.3
17	钨矿	万吨	1015.95	1030.42	1.4
18	锡矿	万吨	445.32	450.04	1.1
19	钼矿	万吨	2882.41	3006.78	4.3
20	锑矿	万吨	307.24	319.76	4.1
21	金矿	吨	12166.98	13195.56	8.5
22	银矿	万吨	27.52	31.60	14.8
23	铂族金属	吨	365.49	365.30	−0.1
24	锶矿	万吨	5515.64	5644.05	2.3
25	锂矿	万吨	961.46	967.38	0.6
26	菱镁矿	亿吨	30.86	31.15	0.9
27	萤石	亿吨	2.22	2.42	8.9
28	耐火黏土	亿吨	25.81	25.92	0.4
29	硫铁矿	亿吨	60.37	60.60	0.4
30	磷矿	亿吨	244.08	252.84	3.6
31	钾盐	亿吨	10.57	10.27	−2.8
32	硼矿	万吨	7647.61	7817.26	2.2
33	钠盐	亿吨	14128.57	14224.92	0.7
34	芒硝	亿吨	1171.12	1171.20	0.0
35	重晶石	亿吨	3.51	3.62	3.1

序号	矿产	单位	2016年	2017年	增减变化/%
36	水泥用灰岩	亿吨	1343.34	1370.08	2.0
37	玻璃硅质原料	亿吨	83.21	88.75	6.6
38	石膏	亿吨	972.62	984.72	1.2
39	高岭土	亿吨	33.95	34.74	2.3
40	膨润土	亿吨	29.66	30.62	3.2
41	硅藻土	亿吨	4.94	5.13	3.9
42	饰面花岗岩	亿立方米	46.37	50.57	9.1

注：数据来源于《中国矿产资源报告（2018）》。

2.2 我国能源现状

经济的发展离不开能源的助攻。我国自改革开放以来，经济迅速腾飞，对能源的需求量也在不断攀升。中国作为发展中国家，也是一个工业大国，当前的产业结构仍以能源消耗为主，能源生产与能源消费之间的矛盾不断突出，能源安全情况也并不乐观，应对能源矛盾问题刻不容缓。因此，发展绿色节能产业、推动经济可持续发展成为新的经济增长点。当前，我国仍处于工业化发展阶段，在能源矛盾不断突出的状况下，了解我国能源现状具有重要的现实意义。

2.2.1 能源生产

1. 能源生产总量与构成

在过去的四十多年中，我国能源生产总量节节攀升，总量数据以及各种能源占能源生产总量的百分比数据见表2-10。

表2-10　能源生产总量及构成

年份	能源生产总量（标准煤）/万吨	占能源生产总量的比重/%			
		原煤	原油	天然气	一次电力及其他能源
1978	62770	70.3	23.7	2.9	3.1
1980	63735	69.4	23.8	3.0	3.8

续表

年份	能源生产总量（标准煤）/万吨	占能源生产总量的比重/%			
		原煤	原油	天然气	一次电力及其他能源
1985	85546	72.8	20.9	2.0	4.3
1990	103922	74.2	19.0	2.0	4.8
1991	104844	74.1	19.2	2.0	4.7
1992	107256	74.3	18.9	2.0	4.8
1993	111059	74.0	18.7	2.0	5.3
1994	118729	74.6	17.6	1.9	5.9
1995	129034	75.3	16.6	1.9	6.2
1996	133032	75.0	16.9	2.0	6.1
1997	133460	74.3	17.2	2.1	6.5
1998	129834	73.3	17.7	2.2	6.8
1999	131935	73.9	17.3	2.5	6.3
2000	138570	72.9	16.8	2.6	7.7
2001	147425	72.6	15.9	2.7	8.8
2002	156277	73.1	15.3	2.8	8.8
2003	178299	75.7	13.6	2.6	8.1
2004	206108	76.7	12.2	2.7	8.4
2005	229037	77.4	11.3	2.9	8.4
2006	244763	77.5	10.8	3.2	8.5
2007	264173	77.8	10.1	3.5	8.6
2008	277419	76.8	9.8	3.9	9.5
2009	286092	76.8	9.4	4.0	9.8
2010	312125	76.2	9.3	4.1	10.4
2011	340178	77.8	8.5	4.1	9.6
2012	351041	76.2	8.5	4.1	11.2
2013	358784	75.4	8.4	4.4	11.8
2014	361866	73.6	8.4	4.7	13.3
2015	361476	72.2	8.5	4.8	14.5

续表

年份	能源生产总量（标准煤）/万吨	占能源生产总量的比重/%			
		原煤	原油	天然气	一次电力及其他能源
2016	346037	69.8	8.2	5.2	16.8
2017	359000	69.6	7.6	5.4	17.4

注：数据来源于《中国统计年鉴2018》。

为了更好地反映各年数据的变化，根据表2-10数据绘制出能源生产总量柱形图以及原煤、原油、天然气和一次电力能源等占能源生产总量的折线图（图2-4）。

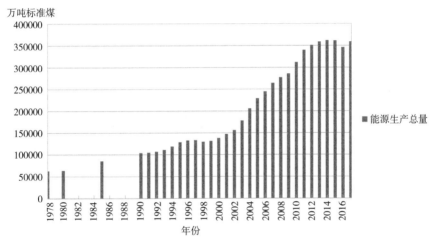

图2-4　能源生产总量

过去四十多年我国能源生产总量整体处于上升状态，其中部分年份有所降低，分别在1997~2017年。能源生产总量的波动基本上可以分为两个阶段，第一阶段为1978~2000年，为能源生产总量缓慢增长阶段；第二阶段为2000年之后，能源生产总量增长速度加快，直至2017年能源生产总量已大约为1978年的6倍。

在能源构成的比例上，原煤始终占比最大，从1978~2017年整体比重均在70%以上，体现出我国煤炭资源的丰富；其次是原油的比例，在2008年之前比重始终多于一次电力及其他能源，在2008年之后比重才开始低于一次电力及其他能源；天然气基本上一直处于较低的比重。在比重变化上，原煤所占比重在2011年之前处于波动状态，2011年之后比重开始下降；原油比重自

1978年起持续走低，仅在1997年、1998年稍有回升，体现出我国原油储量匮乏；天然气、一次性电力及其他能源比重一直呈现上升态势（见图2-5）。

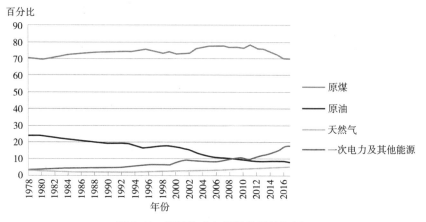

图2-5　能源构成占能源总量的比例

2. 人均能源生产量

我国人口总量众多造成了各项人均指标均处于世界落后水平的现状，在能源上亦是如此。人均能源生产量同能源生产总量变动趋势一致，基本上呈逐年上升态势，其中人均原煤的产量保持逐年递增趋势，人均原油生产量逐渐间变化不大，人均原煤生产量约在2000年之后增长迅速（表2-11）。

表2-11　人均能源生产量

年份	人均能源生产量			
	能源总量（标准煤）/千克	原煤/千克	原油/千克	电力/千瓦·时
1980	650	632	108	306
1981	636	625	102	311
1982	662	661	101	325
1983	696	698	104	343
1984	751	761	111	364
1985	814	830	119	391
1986	826	838	123	421
1987	842	856	124	459
1988	870	889	124	495

年份	人均能源生产量			
	能源总量（标准煤）/千克	原煤/千克	原油/千克	电力/千瓦·时
1989	909	942	123	523
1990	915	951	122	547
1991	911	945	123	589
1992	921	958	122	647
1993	942	976	123	711
1994	996	1040	123	779
1995	1071	1129	125	836
1996	1093	1147	129	887
1997	1085	1128	131	923
1998	1045	1073	130	939
1999	1053	1089	128	989
2000	1097	1096	129	1074
2001	1159	1157	129	1164
2002	1221	1211	130	1292
2003	1384	1424	132	1483
2004	1590	1638	136	1700
2005	1757	1814	139	1918
2006	1867	1960	141	2186
2007	2005	2094	141	2490
2008	2094	2192	144	2617
2009	2149	2340	142	2790
2010	2399	2563	152	3145
2011	2531	2801	151	3506
2012	2599	2921	154	3693
2013	2643	2928	155	4002
2014	2652	2840	155	4141

续表

年份	人均能源生产量			
	能源总量（标准煤）/千克	原煤/千克	原油/千克	电力/千瓦·时
2015	2636	2732	156	4240
2016	2510	2474	145	4455

注：数据来源于《中国能源统计年鉴2017》。

3. 能源生产弹性系数

能源生产弹性系数是能源生产量年平均增长速度与国民经济年平均增长速度的比值，它衡量的是当能源年平均增长速度发生变化时，国民经济年平均增长速度变化的相对程度。此系数越接近于1，表明能源生产年平均增长速度与国民经济年平均增长速度越接近，二者的发展越协调，反之则表明二者年平均增长速度差别越大。当能源生产弹性系数大于1时，能源生产年平均增长速度快于国民经济年平均增长速度，当该系数小于1时，则代表着能源年平均增长速度小于国民经济年平均增长速度。表2-12列出了我国自1985～2017年的能源生产弹性系数。

表2-12 能源生产弹性系数

年份	能源生产比上年增长/%	国内生产总值比上年增长/%	能源生产弹性系数
1985	9.9	13.4	0.74
1990	2.2	3.9	0.56
1991	0.9	9.3	0.1
1992	2.2	14.2	0.16
1993	3.6	13.9	0.26
1994	6.9	13	0.53
1995	8.7	11	0.79
1996	3.1	9.9	0.31
1997	0.3	9.2	0.03
1998	−2.7	7.8	
1999	1.6	7.7	0.21

续表

年份	能源生产比上年增长 /%	国内生产总值比上年增长 /%	能源生产弹性系数
2000	5	8.5	0.59
2001	6.4	8.3	0.77
2002	6	9.1	0.66
2003	14.1	10	1.41
2004	15.6	10.1	1.54
2005	11.1	11.4	0.98
2006	6.9	12.7	0.54
2007	7.9	14.2	0.56
2008	5	9.7	0.52
2009	3.1	9.4	0.33
2010	9.1	10.6	0.86
2011	9	9.5	0.95
2012	3.2	7.9	0.4
2013	2.2	7.8	0.28
2014	0.9	7.3	0.12
2015	0	6.9	
2016	−4.3	6.7	
2017	3.6	6.9	0.52

注：数据源来源于《中国统计年鉴2018》。

显然，我国能源生产弹性系数大于1的年份只有2003年和2004年，其他年份均小于1（特殊年份除外），也就是说整体上能源生产年平均增长速度要慢于国民经济年平均增速，能源生产和经济发展速度出现了不一致。

2.2.2 能源消费与污染物排放

1. 能源消费总量与构成

表2-13所示我国过去三十年能源消费总量及其构成情况。

表2-13 能源消费总量及构成

年份	能源消费总量（标准煤）/万吨	占能源消费总量的比例/%			
		煤炭	石油	天然气	一次电力及其他能源
1978	57144	70.7	22.7	3.2	3.4
1980	60275	72.2	20.7	3.1	4
1985	76682	75.8	17.1	2.2	4.9
1990	98703	76.2	16.6	2.1	5.1
1991	103783	76.1	17.1	2	4.8
1992	109170	75.7	17.5	1.9	4.9
1993	115993	74.7	18.2	1.9	5.2
1994	122737	75	17.4	1.9	5.7
1995	131176	74.6	17.5	1.8	6.1
1996	135192	73.5	18.7	1.8	6
1997	135909	71.4	20.4	1.8	6.4
1998	136184	70.9	20.8	1.8	6.5
1999	140569	70.6	21.5	2	5.9
2000	146964	68.5	22	2.2	7.3
2001	155547	68	21.2	2.4	8.4
2002	169577	68.5	21	2.3	8.2
2003	197083	70.2	20.1	2.3	7.4
2004	230281	70.2	19.9	2.3	7.6
2005	261369	72.4	17.8	2.4	7.4
2006	286467	72.4	17.5	2.7	7.4
2007	311442	72.5	17	3	7.5
2008	320611	71.5	16.7	3.4	8.4
2009	336126	71.6	16.4	3.5	8.5
2010	360648	69.2	17.4	4	9.4
2011	387043	70.2	16.8	4.6	8.4
2012	402138	68.5	17	4.8	9.7
2013	416913	67.4	17.1	5.3	10.2
2014	425806	65.6	17.4	5.7	11.3

续表

年份	能源消费总量（标准煤）/万吨	占能源消费总量的比例/%			
		煤炭	石油	天然气	一次电力及其他能源
2015	429905	63.7	18.3	5.9	12.1
2016	435819	62	18.5	6.2	13.3
2017	449000	60.4	18.8	7	13.8

注：数据来源于《中国统计年鉴2018》。

　　柱状图显示，过去四十年能源消费总量始终处于上升状态，同样可以分为两个阶段：第一阶段为2000年之前，能源消费总量虽然逐年增长，但增速缓慢；2000年之后为第二阶段，能源消费总量开始快速增长，这一趋势与我国经济发展状况相一致（见图2-6）。

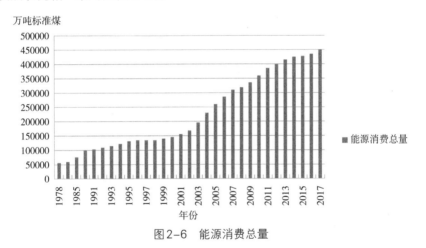

图2-6　能源消费总量

　　与能源生产类似，能源消费中占比最高的依旧是煤炭，四十年来始终处于60%以上，远远高于其他三类的比重之和，这体现出我国能源消耗仍以煤炭为主的现状。石油消耗所占比重次之，一次电力及其他能源第三，天然气始终处于最低比重。在比重变化趋势上，我国能源消费中煤炭比重整体处于走低状态，这与我国不断调整能源消费结构有关。过去四十年石油消费始终处于波动状态，比重变化较小。天然气与一次电力及其他能源比重则呈现上升态势（图2-7）。

　　将全国能源生产总量与能源消费总量的变化做比较，可以看到二者变化趋势基本趋同，均呈现稳步增长态势（图2-8）。

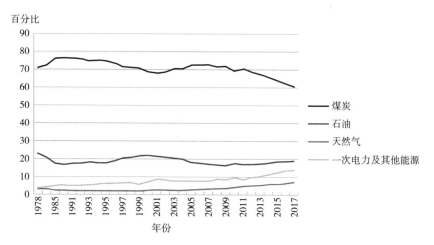

图2-7 能源构成占能源消费的比例

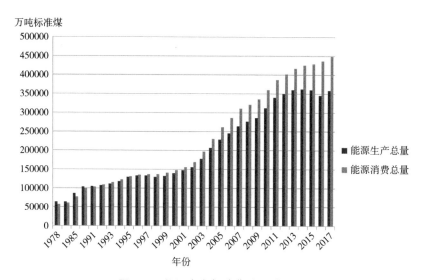

图2-8 能源生产与消费总量对比图

　　除了总量增长外，能源生长与消费之间的差额应当引起关注。在1991年之前，能源生产总量要高于能源消费总量，这意味着我国的能源消费依靠国内生产即可解决；在1991年之后，能源消费总量开始高于能源生产总量并且在2005年之后差额迅速扩大，也就意味着在1991年之后我国自产能源已经不能满足消费需求，需要凭借进口来补足差额，尤其在2005年之后对进口依赖程度的加重，反映了我国能源安全体系已经出现问题。具体的供求缺口以及我国依赖进口的程度如表2-14所示。

表2-14　综合能源平衡表　　　　单位：（标准煤）万吨

项目	1990	1995	2000	2005	2010	2015	2016
可供消费的能源总量	96138	129535	144234	254619	365588	429960	431842
一次能源生产量	103922	129034	138570	229037	312125	361476	346037
回收能		2312	3087	7452	8958		
进口量	1310	5456	14327	26823	57671	77451	89730
出口量（－）	5875	6776	9327	11257	8803	9784	11956
年初年末库存差额	−3219	−491	−2424	2564	−4363	817	8031

注：数据来源于《中国统计年鉴2018》。

综合能源平衡表中给出了从1990~2016年中的能源进出口量数值，比图2-8更能反映出我国的能源安全现状。数据显示，我国能源进口量逐年攀升，并且增长速度迅速，反映了我国对能源进口的依赖性不断增强；能源出口量在波动中有所增长，增长速度较慢，且在总量上低于进口量，能源进出口量整体不均衡。

2. 人均能源消费量与平均每天能源消耗量

我国的人均能源消费依旧是以煤炭、电力为主要能源类型，其消费数量均逐年增长并且增速加快，而石油消费数量从20世纪80年代后期开始也稳步增长。三者之中，电力消费的绝对增长数量最大，增幅也最高（表2-15）。

表2-15　人均能源消费量

| 年份 | 人均能源消费量 | | | |
	能源总量（标准煤）/千克	煤炭/千克	石油/千克	电力/千瓦·时
1980	614	622	89	306
1981	598	610	94	311
1982	615	636	81	325
1983	645	671	82	344
1984	684	723	83	364
1985	730	776	87	392
1986	758	806	91	422

续表

年份	人均能源消费量			
	能源总量（标准煤）/千克	煤炭/千克	石油/千克	电力/千瓦·时
1987	799	856	95	460
1988	844	902	101	496
1989	867	925	104	524
1990	869	930	101	549
1991	902	960	108	591
1992	937	979	115	651
1993	984	1026	125	715
1994	1030	1078	125	777
1995	1089	1143	133	832
1996	1110	1150	145	884
1997	1105	1120	157	917
1998	1097	1087	160	934
1999	1122	1112	168	982
2000	1156	1075	178	1067
2001	1223	1125	180	1158
2002	1324	1200	194	1286
2003	1530	1426	214	1477
2004	1777	1637	241	1695
2005	2005	1867	250	1913
2006	2185	2064	266	2181
2007	2363	2204	278	2482
2008	2420	2269	282	2608
2009	2525	2441	290	2782
2010	2696	2609	330	3135
2011	2880	2894	339	3497
2012	2977	3018	354	3684
2013	3071	3127	368	3993
2014	3121	3017	380	4133

年份	人均能源消费量			
	能源总量（标准煤）/千克	煤炭/千克	石油/千克	电力/千瓦·时
2015	3135	2895	402	4231
2016	3161	2789	409	4446

注：数据来源于《中国能源统计年鉴2017》。

表2-16反映出我国过去近三十年的平均每天能源消耗量的变动情况，总体来看，各种能源日消耗量均呈上升趋势，其中煤炭始终占据日消耗量的主导地位，这与我国煤炭资源储量丰富的特征是分不开的。虽然原油消耗所占比重仅次于煤炭，但在消耗数量上原油与煤炭差距甚大，这也侧面反映出了我国原油资源的不富足。

表2-16 平均每天能源消耗量

能源品种	1990	1995	2000	2005	2010	2014	2015	2016
合计（标准煤）/万吨	270.4	359.4	401.5	716.1	988.1	1166.6	1177.8	1190.8
煤炭/万吨	289.1	377.2	370.7	666.8	956.2	1127.7	1087.7	1050.7
焦炭/万吨	18.9	29.4	29.6	68.8	106.0	128.5	120.7	124.2
原油/万吨	32.2	40.8	58.0	82.4	117.5	141.2	148.2	153.1
燃料油/万吨	9.2	10.2	10.6	11.6	10.3	12.1	12.8	12.7
汽油/万吨	5.2	8.0	9.6	13.3	19.1	26.8	31.1	32.4
煤油/万吨	1.0	1.4	2.4	3.0	4.8	6.4	7.3	8.1
柴油/万吨	7.4	11.8	18.6	30.1	40.3	47.0	47.6	46.0
天然气/亿立方米	0.4	0.5	0.7	1.3	3.0	5.1	5.3	5.7
电力/亿千瓦·时	17.1	27.5	36.8	68.3	114.9	154.5	159.0	167.5

注：数据来源于《中国统计年鉴2018》。

平均每天能源消耗量能在一定程度上反映出一国的社会发展水平。显然，我国当前仍处于工业化发展阶段，平均每天的能源消耗量较过去必然是快速增长并且涨幅较大的。

3. 能源消费弹性系数

能源消费弹性系数是能源消费增长速度与国民经济增长速度之间的比值，是反映能源与国民经济发展关系的一个技术经济指标。由能源消费弹性系数的计算公式可以看出，其值越接近于1，表明能源消费年平均增长速度与国民经济年平均增长速度越接近，国民经济发展与能源消费间的关系越均衡；反之，能源生产弹性系数越远离1，则二者年平均增长速度差别越大；当能源消费弹性系数小于1时，则能源消费年平均增长速度小于国民经济年平均增长速度；当能源消费弹性系数大于1时，表明能源消费年平均增长速度要大于国民经济年平均增长速度，这可能是能源利用效率过低造成的。当然，能源消费弹性系数的变化并非全部由能源利用效率决定，还可能与国民经济结构、技术装备、生产工艺、管理水平乃至人民生活等因素密切相关。

根据表2-17中的数据，我国能源消费弹性系数大于1的年份只有2003年、2004年和2005年，其他年份均小于1，也就是说，整体上能源消费年平均增长速度要小于国民经济年平均增速。我国近三十年的能源消费弹性系数概括为在波动中走低，如果不考虑其他因素，可以理解为我国平均每个单位能源对于国民经济的贡献随着时间推移在增长，也就意味着能源加工转化效率的上升以及能耗的减低，而事实是否真的如此呢？此问题将在下文中给出解释。

表2-17　能源消费弹性系数

年份	能源消费比上年增长 /%	国内生产总值比上年增长 /%	能源生产弹性系数
1985	8.1	13.4	0.6
1990	1.8	3.9	0.46
1991	5.1	9.3	0.55
1992	5.2	14.2	0.37
1993	6.3	13.9	0.45
1994	5.8	13	0.45
1995	6.9	11	0.63
1996	3.1	9.9	0.31
1997	0.5	9.2	0.05
1998	0.2	7.8	0.03

年份	能源消费比上年增长 /%	国内生产总值比上年增长 /%	能源生产弹性系数
1999	3.2	7.7	0.42
2000	4.5	8.5	0.54
2001	5.8	8.3	0.7
2002	9	9.1	0.99
2003	16.2	10	1.62
2004	16.8	10.1	1.67
2005	13.5	11.4	1.18
2006	9.6	12.7	0.76
2007	8.7	14.2	0.61
2008	2.9	9.7	0.3
2009	4.8	9.4	0.51
2010	7.3	10.6	0.69
2011	7.3	9.5	0.77
2012	3.9	7.9	0.49
2013	3.7	7.8	0.47
2014	2.1	7.3	0.29
2015	1	6.9	0.14
2016	1.4	6.7	0.21
2017	2.9	6.9	0.42

注：数据来源于《中国统计年鉴2018》。

4. 能源加工转化效率与平均每万元国内生产总值能源消耗量

前文提及我国三十多年来，能源生产总量与能源消费总量基本上呈现同步增长的状态，那么在这一过程中能源加工转化效率是否有所提高？平均每万元国内生产总值能源消耗量是否有所下降？

能源加工转化效率是考察能源加工转换装置和生产工艺先进与落后、管理水平高低等的重要指标，计算公式为能源加工转换产出量除以能源加工转换投入量。由表2-18可以看出，从1983～2016的几十年间我国能源加工转化的效率整体处于增长态势，同时伴随着阶段性下降，虽然加工转化效率均在50%以上，但始终低于75%，表明我国能源加工转化效率并不高，能源浪费现象依旧严重，这主要归因于发电及电站供热转化效率偏低（虽逐年间有所增长，但始终低于50%），体现出我国的发电装置及生产工艺的落后。不过值得一提的是，我国炼焦和炼油效率始终较高，浪费极少，个别年间利用效率达到将近100%。

表2-18　能源加工转化效率　　　　　单位：%

年份	总效率	发电及电站供热	炼焦	炼油
1983	69.93	36.94	91.18	99.16
1984	69.16	36.95	90.08	99.17
1985	68.29	36.85	90.79	99.1
1986	68.32	36.69	90.63	99.04
1987	67.48	36.75	90.46	98.81
1988	66.54	36.34	90.77	98.76
1989	66.51	36.74	90.3	98.57
1990	66.48	37.34	91.28	90.19
1991	65.9	37.6	89.9	98.1
1992	66	37.8	92.7	96.8
1993	67.32	39.9	98.05	98.49
1994	65.2	39.35	89.62	97.48
1995	71.05	37.31	91.99	97.67
1996	70.19	36.63	94.07	97.46
1997	69.76	35.89	94.01	97.37
1998	69.28	37.09	94.97	96.41
1999	69.25	37.04	96.13	97.51
2000	69.38	37.78	96.2	97.32
2001	69.7	38.15	96.47	97.6
2002	68.99	38.67	96.63	96.73

年份	总效率	发电及电站供热	炼焦	炼油
2003	69.38	38.46	96.13	96.38
2004	70.6	38.64	97.1	96.48
2005	71.11	38.97	97.14	96.94
2006	70.87	39.08	97.02	96.9
2007	71.23	39.8	97.54	97.17
2008	71.46	40.47	98.46	96.22
2009	72.41	41.23	98	96.74
2010	72.52	41.99	96.38	97
2011	72.19	42.13	96.3	97.41
2012	72.68	42.81	95.65	97.11
2013	72.96	43.12	95.6	97.65
2014	73.49	43.55	95.07	97.54
2015	73.72	44.22	92.34	97.55
2016	73.85	44.6	92.76	97.81

注：数据来源于《中国统计年鉴2018》。

再来看万元国内生产总值能源消耗量、万元国内生产总值煤炭消费量、万元国内生产总值石油消费量、万元国内生产总值电力消费量等指标（表2-19）。在1980~2016年，除个别年份偶有波动之外，这些指标均呈现逐年变小的趋势，体现出我国单位产值能源消耗量的下降，侧面反映出了能源加工利用效率的提高、生产加工装置的更新与进步以及管理水平的上升等。

从表2-19中不难发现另一个事实，我国能源消费中长期以煤炭消费为主的原因是多样的。一方面，是因为我国煤炭储量十分丰富，可以提供充足的供给；另一方面，也反映出其他能源的短缺，致使我国能源消费结构并不合理。从过去几十年的发展经验来看，以煤炭消费为主的能源消费结构给我们带来了严重的环境问题，保护环境，实现绿色发展，建设美丽中国任重而道远。

表2-19 平均每万元国内生产总值能源消耗量

年份	万元国内生产总值能源消费量（标准煤）/吨·万元⁻¹	万元国内生产总值煤炭消费量/吨·万元⁻¹	万元国内生产总值石油消费量/吨·万元⁻¹	万元国内生产总值电力消费量/万千瓦·时·万元⁻¹
国内生产总值按1980年可比价格计算				
1980	13.14	13.30	1.91	0.66
1981	12.33	12.56	1.93	0.64
1982	11.81	12.20	1.56	0.62
1983	11.34	11.80	1.44	0.60
1984	10.57	11.18	1.29	0.56
1985	10.08	10.72	1.21	0.54
1986	9.75	10.38	1.17	0.54
1987	9.36	10.03	1.11	0.54
1988	9.03	9.65	1.08	0.53
1989	9.04	9.64	1.08	0.55
1990	8.85	9.47	1.03	0.56
国内生产总值按1990年可比价格计算				
1990	5.23	5.59	0.61	0.33
1991	5.03	5.36	0.60	0.33
1992	4.63	4.84	0.57	0.32
1993	4.32	4.51	0.55	0.31
1994	4.05	4.24	0.49	0.31
1995	3.90	4.09	0.48	0.30
1996	3.66	3.79	0.48	0.29
1997	3.36	3.41	0.48	0.28
1998	3.13	3.10	0.45	0.27
1999	3.00	2.97	0.45	0.26
2000	2.89	2.67	0.44	0.26

续表

年份	万元国内生产总值能源消费量（标准煤）/ 吨·万元$^{-1}$	万元国内生产总值煤炭消费量 / 吨·万元$^{-1}$	万元国内生产总值石油消费量 / 吨·万元$^{-1}$	万元国内生产总值电力消费量 / 万千瓦·时·万元$^{-1}$
国内生产总值按 2000 年可比价格计算				
2000	1.47	1.35	0.22	0.13
2001	1.43	1.32	0.21	0.14
2002	1.43	1.30	0.21	0.14
2003	1.51	1.41	0.21	0.15
2004	1.60	1.48	0.22	0.15
2005	1.63	1.52	0.20	0.16
国内生产总值按 2005 年可比价格计算				
2005	1.40	1.30	0.17	0.13
2006	1.36	1.28	0.17	0.14
2007	1.29	1.20	0.15	0.14
2008	1.21	1.14	0.14	0.13
2009	1.16	1.12	0.13	0.13
2010	1.13	1.09	0.14	0.13
国内生产总值按 2010 年可比价格计算				
2010	0.87	0.84	0.11	0.10
2011	0.86	0.86	0.10	0.10
2012	0.82	0.84	0.10	0.10
2013	0.79	0.81	0.10	0.10
2014	0.75	0.73	0.09	0.10
2015	0.71	0.66	0.09	0.10
国内生产总值按 2015 年可比价格计算				
2015	0.62	0.58	0.08	0.08
2016	0.59	0.52	0.08	0.08

注：数据来源于《中国统计年鉴 2018》。

2.3 我国环境现状

环境是人类赖以生存的根本，然而近些年来各种环境问题却不断凸显。过去，为改变国家落后、人民贫困、物资匮乏的窘境，在高速度与高质量不可兼得的状况下，我国选择了高速度的经济增长，30多年的粗放式经济发展方式虽为中国经济带来了令人瞩目的成绩，但也成为了资源能源短缺和环境问题的根本原因。

从最初的"物质文明"和"精神文明"两手抓，到如今的"五位一体"总布局，这一过程充分体现了生态文明建设的重要性，体现了党和人民对中国特色社会主义现代化的不断探索，也是对中国特色社会主义发展规律的更深一层的理解与认识。生态、绿色俨然已经上升到了国家政策的高度，了解生态环境存在的各种问题，对于今后发展方向和道路的选择具有重要的基础意义。

2.3.1 环境现状

环境现状与污染物的排放紧密相关，能源的使用通常会伴随着污染物的排放，能源加工转化效率的高低也会影响到污染物的排放状况。了解污染物排放情况，能够侧面了解到能源使用效率、能源消费结构、环境情况乃至国家经济状态，而污染物的处理也将直接影响到人类生存的环境。下文从废水、废气以及固体污染物三类污染物展开论述。

1. 废水排放情况

废水的排放主要包括生活废水和工业废水，其中含有大量有害物质并且不能再次循环利用，直接排放会对环境产生一定的不利影响，尤其是未达到废水排放标准的，对环境的危害更甚。

表2-20给出了从2000~2015年16年间我国污水排放的数据，污水排放总量在不断上升，从2000年415.2亿吨到2015年735.3亿吨，增长量几近翻倍。其中，工业废水总量变化较小，呈现先上升后下降的态势，近些年工业废水排放量向好的方向发展，这与我国建设生态文明密切相关。不过近十几年生活污水一直处于增长状态，从2000年的220.9亿吨到2015年535.2亿吨，增量约达一倍之多，生活污水的排放需要加以控制。氨氮排放量也在逐年增长，但涨幅较小，低于生活污水增长率。化学需氧量（COD）排放总量在2000~2010年比较

稳定，自2010到2011年增长迅速，约为原来总量的一倍，表明近些年水中有机物污染严重。

表2-20　废水排放情况

年份	废水排放总量 / 亿吨	工业废水 / 亿吨	生活污水 / 亿吨	氨氮排放 / 万吨	COD 排放总量 / 万吨
2000	415.2	194.2	220.9		1445.0
2001	432.9	202.6	230.2	125.2	1404.8
2002	439.5	207.2	232.3	128.8	1366.9
2003	459.3	212.3	247.0	129.6	1333.9
2004	482.4	221.1	261.3	133.0	1339.2
2005	524.5	243.1	281.4	149.8	1414.2
2006	536.8	240.2	296.6	141.4	1428.2
2007	556.8	246.6	310.2	132.3	1381.8
2008	571.7	241.7	330.0	127.0	1320.7
2009	589.1	234.4	354.7	122.6	1277.5
2010	617.3	237.5	379.8	120.3	1238.1
2011	659.2	230.9	427.9	260.4	2499.9
2012	684.8	221.6	462.7	253.6	2423.7
2013	695.4	209.8	485.1	245.7	2352.7
2014	716.2	205.3	510.3	238.5	2294.6
2015	735.3	199.5	535.2	229.9	2223.5

注：数据来源于《中国环境统计年鉴2018》。

在2017年主要城市的废水排放表中，工业废水排放量上海位居第一，随后是杭州、广州、重庆、天津等地区，这些都是经济发达的地区，经济的快速发展在一定程度上牺牲了环境。生活废水排放量最高的地区为重庆，随后是上海、广州、成都、北京等地区，发达的经济使得这些城市具有强大的人口吸引力，以上城市均是常住人口均在1000万以上的超大城市，北京、上海两市甚至超过了2000万人口，从而增加了生活污水排放量。在氨氮排放量上，工业氨氮排放量要远少于生活氨氮排放量，其中上海、重庆、广州等地区生活氨氮排放量也非常高（表2-21）。

表2-21 2017年主要城市废水排放量

城市	工业废水排放量/ 万吨	生活污水排放量/ 万吨	工业氨氮排放量/ 吨	生活氨氮排放量/ 吨
北京	8494	124505	97	5571
天津	18107	72578	620	13434
石家庄	7470	34503	1969	7673
太原	3739	26520	72	2386
呼和浩特	2372	16890	160	2711
沈阳	5407	45270	489	10149
长春	2501	42507	323	3655
哈尔滨	2358	37837	258	11558
上海	31586	179910	889	35826
南京	14922	69102	286	10203
杭州	24559	68051	507	7292
合肥	4389	40232	161	6213
福州	4390	39407	91	9011
南昌	3861	27891	373	5939
济南	5949	28692	197	4057
郑州	7317	80899	196	7835
武汉	11931	79472	249	13167
长沙	4066	73881	403	8109
广州	20605	151795	467	19092
南宁	4199	32086	367	4660
海口	598	15471	13	2957
重庆	19304	181252	1111	33606
成都	8319	139670	265	9132
贵阳	4452	32258	150	2808
昆明	2761	71494	218	1590
拉萨	601	3477	17	1467
西安	4248	72021	77	2556

续表

城市	工业废水排放量/万吨	生活污水排放量/万吨	工业氨氮排放量/吨	生活氨氮排放量/吨
兰州	3530	17773	68	1153
西宁	1478	11889	177	3148
银川	2310	10041	329	2237
乌鲁木齐	3337	17105	407	3473

注：数据来源于《中国统计年鉴2018》。

2. 废气排放情况

从 2000～2015 年，工业废气排放量不断增长，仅有 2011~2012 年、2014~2015 年出现小幅波动。二氧化硫（SO_2）排放量在波动中呈现出稳定态势，其变化量较小并且在近些年有下降趋势（表2-22）。氮氧化物（NO_x）排放量和烟粉尘排放量因数据较少，暂不做说明。分地区废气排放情况见表2-23。

表2-22 废气排放情况

年份	工业废气排放量/亿立方米	SO_2排放量/万吨	NO_x排放量/万吨	烟（粉）尘排放量/万吨
2000	138145	1995.1		
2001	160863	1947.2		
2002	175257	1926.6		
2003	198906	2158.5		
2004	237696	2254.9		
2005	268988	2549.4		
2006	330990	2588.8		
2007	388169	2468.1		
2008	403866	2321.2		
2009	436064	2214.4		
2010	519168	2185.1		
2011	674509	2217.9	2404.3	1278.8

续表

年份	工业废气排放量 / 亿立方米	SO_2 排放量 / 万吨	NO_x 排放量 / 万吨	烟（粉）尘排放量 / 万吨
2012	635519	2117.6	2337.8	1235.8
2013	669361	2043.9	2227.4	1278.1
2014	694190	1974.4	2078.0	1740.8
2015	685190	1859.1	1851.0	1538.0

注：1. 2011年原环境保护部对统计制度中的指标体系、调查方法及相关技术规定等进行了修订，
统计范围扩展为工业源、农业源、城镇生活源、机动车、集中式污染治理设施5个部分。
2. 数据来源于《中国环境统计年鉴2018》。

2017年城市废气中主要污染物排放表显示，重庆市的 SO_2 排放远远高于其他地区，大气污染十分严重，其次是哈尔滨、太原等地，这两地都是老牌重工业城市，大气污染非常严重；NO_x 排放量重庆再次排在首位，其次是天津、哈尔滨等地；烟粉尘排放量哈尔滨高居榜首，其次是呼和浩特，这两地远高于其他地区，空气质量堪忧。显然，废气排放量和城市的经济结构之间有一定关系。

表2-23　2017年主要城市废气中主要污染物排放情况

地区	SO_2 排放量 / 吨	NO_x 排放量 / 吨	烟（粉）尘排放量 / 吨
北京	20085	22915	10788
天津	55631	77639	59323
石家庄	59884	62675	36986
太原	93672	36135	47010
呼和浩特	57330	35293	130932
沈阳	46559	42238	51205
长春	21644	33423	25369
哈尔滨	103595	64762	166283
上海	18489	42038	33353
南京	15574	46600	44741
杭州	26925	31349	16648
合肥	11545	20646	15370

地区	SO_2 排放量 / 吨	NO_x 排放量 / 吨	烟（粉）尘排放量 / 吨
福州	36467	28903	49650
南昌	12373	10827	24015
济南	32479	23275	32775
郑州	26817	27110	22506
武汉	21013	45042	44129
长沙	8359	10437	7861
广州	15358	19188	8638
南宁	17861	18064	9918
海口	512	356	113
重庆	253189	94944	73403
成都	21547	25475	11338
贵阳	79334	22078	21425
昆明	49615	35946	22101
拉萨	1132	2005	842
西安	42256	13883	28138
兰州	30891	29992	20088
西宁	33185	13188	32534
银川	29538	21659	29421
乌鲁木齐	43323	43584	44045

注：数据来源于《中国统计年鉴2018》。

3. 固体废弃物排放与处理情况

表2-24显示，2000～2015年全国工业固体废弃物产生量增长较快，但实际的排放量却在逐年减少，从最初的3186.2万吨到后来的55.8万吨，其原因也可以从表2-24中得出，是因为工业固体废物贮存量的上升、工业废物处置量的大幅度上升以及工业固体废物综合利用率较大幅度的提升而导致的。近年来，我国工业固体废弃物的综合利用率已经达到或者超过60%，可以预见，未来随着国家的发展，相关处理技术的进步，将来会有更大比例的废弃物得到有效处理。

分城市来看，以2017年为例，我国主要城市的固体废弃物处理利用情况差

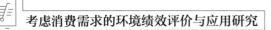
异较大（表2-25）。其中，太原一般工业固体废物产生量最高，这与太原的资源开采、工业发展情况息息相关；南京一般工业固体废物综合利用量最高，昆明一般工业固体废物处置量最高，银川一般工业固体废物贮存量最高。

表2-24　固体废弃物排放

年份	工业固体废物产生量／万吨	工业固体废物排放量／万吨	工业固体废物综合利用量／万吨	工业固体废物贮存量／万吨	工业固体废物处置量／万吨	工业固体废物综合利用率／%
2000	81608	3186.2	37451	28921	9152	45.9
2001	88840	2893.8	47290	30183	14491	52.1
2002	94509	2635.2	50061	30040	16618	51.9
2003	100428	1940.9	56040	27667	17751	54.8
2004	120030	1762.0	67796	26012	26635	55.7
2005	134449	1654.7	76993	27876	31259	56.1
2006	151541	1302.1	92601	22399	42883	60.2
2007	175632	1196.7	110311	24119	41350	62.1
2008	190127	781.8	123482	21883	48291	64.3
2009	203943	710.5	138186	20929	47488	67.0
2010	240944	498.2	161772	23918	57264	66.7
2011	326204	433.3	196988	61248	71382	59.8
2012	332509	144.2	204467	60633	71443	60.9
2013	330859	129.3	207616	43445	83671	62.2
2014	329254	59.4	206392	45724	81317	62.1
2015	331055	55.8	200857	59175	74208	60.2

注：数据来源于《中国环境统计年鉴2018》。

表2-25　2017年主要城市固体废弃物处理利用情况　　单位：万吨

地区	一般工业固体废物产生量	一般工业固体废物综合利用量	一般工业固体废物处置量	一般工业固体废物贮存量
北京	630.35	466.76	163.94	0.19
天津	1495.44	1478.58	19.97	0.14
石家庄	1588.37	1481.2	59.19	81.91

续表

地区	一般工业固体废物产生量	一般工业固体废物综合利用量	一般工业固体废物处置量	一般工业固体废物贮存量
太原	2440.7	1043.05	1193.08	222.3
呼和浩特	1195.9	437.27	715.38	55.86
沈阳	890.57	646.42	164	171.88
长春	438.28	309.88	132.75	0.12
哈尔滨	433.38	378.83	44.5	11.98
上海	1630.48	1532.71	99.98	2.37
南京	1995.42	1798.49	78.14	119.59
杭州	389.39	300.47	112.43	5.19
合肥	846.42	713.58	15.86	117.68
福州	623.58	607.1	9.67	8.09
南昌	170.88	156.33	14.24	0.56
济南	793.09	712.52	82.94	0.19
郑州	1141.85	886.33	260.98	0.49
武汉	1360.35	1205.98	164.72	42.47
长沙	113.13	78.32	17.86	16.99
广州	535.21	511.28	23.22	3.14
南宁	164.58	136.8	27.64	1.74
海口	5.21	4.8	0.58	0
重庆	1943.2	1371.92	456.91	123.74
成都	260.74	211.1	48.83	2.8
贵阳	1629.25	555.47	1083.45	1.49
昆明	1998.88	717.63	1255.72	29.48
拉萨	154.47	1.17	0.09	153.22
西安	185.03	158.6	27.63	2.49
兰州	307.8	279.22	28.74	0.48
西宁	338.04	314.91	19.61	6.97
银川	1108.11	359.59	386.26	362.48
乌鲁木齐	935.75	876.69	57.34	1.75

注：数据来源于《中国统计年鉴2018》。

以上几个表格分别列示了我国分年度以及主要城市污染物的排放情况，在一定程度上反映出我国当前的环境状况，总体上我国的环境现状并不乐观，过去几十年粗放式的发展给环境造成的影响是深远的，牺牲环境追求经济发展的模式终将被淘汰，切实保护好环境，追求绿色、高质量、可持续发展才是未来应有的发展之路。

2.3.2 自然保护与环境治理投资

我国面临的生态问题可以说是相当严峻的，环境问题也早已引起社会各界的关注，生态文明建设已经部署实施，环境治理投资也在不断增加，自然环境的保护工作已在全国展开。2017年全国各地区自然保护情况见表2-26。

表2-26　2017年分地区自然保护基本情况

地区	自然保护区个数 / 个	自然保护区面积 / 平方千米	保护区面积占辖区面积比重 / %
全国	2750	1471670	14.3
北京	20	1350	8.2
天津	8	910	7.6
河北	45	7090	3.7
山西	46	11020	7
内蒙古	182	127030	10.7
辽宁	105	26730	13.4
吉林	51	25260	13.5
黑龙江	250	79160	16.7
上海	4	1370	5.3
江苏	31	5360	3.8
浙江	37	2120	1.7
安徽	106	5060	3.6
福建	92	4450	3.2
江西	200	12240	7.3
山东	88	11360	4.9
河南	33	7780	4.7

续表

地区	自然保护区个数 / 个	自然保护区面积 / 平方千米	保护区面积占辖区面积比重 / %
湖北	80	10630	5.7
湖南	128	12250	5.8
广东	384	18500	7.1
广西	78	13500	5.5
海南	49	27070	6.9
重庆	57	8020	9.6
四川	169	83010	17.1
贵州	124	8940	5.1
云南	160	28820	7.3
西藏	47	413710	33.7
陕西	60	11310	5.5
甘肃	60	88710	20.8
青海	11	217730	30.1
宁夏	14	5330	8
新疆	31	195840	11.8

注：数据来源于《中国统计年鉴 2018》。

2017 年，我国共有自然保护区有 2750 个，总面积达 1471670 平方千米。其中，自然保护区个数最多的地方为广东，共 384 个，远超过其他地区，黑龙江 250 个自然保护区位列第二。从面积上开看，西藏的自然保护区面积最大，尽管其只有 47 个自然保护区，但其面积却比第二名青海多了近一倍，新疆以 195840 平方千米的面积位列第三。在保护区占辖区面积这一指标上，西藏以 33.7% 的比例取得第一，随后是青海、甘肃等地。

2013～2017 年环境污染治理投资的数据显示，我国环境污染治理投资总额巨大，年平均值在 9000 亿元。在环境污染治理投资重点上，主要是以城镇环境基础设施建设投资为主。在环境污染治理投资等具体指标上，园林绿化的投资占比最高，城镇绿化的重要性不言而喻。环境污染治理投资总额波动不大，在国民经济增长的情况下，环境污染治理投资总额占国内生产总值比重呈下降趋势，属正常现象（表2-27）。

表2-27　环境污染治理投资

指标	2013	2014	2015	2016	2017
环境污染治理投资总额 / 亿元	9037.2	9575.5	8806.3	9219.8	9539.0
城镇环境基础设施建设投资 / 亿元	5223.0	5463.9	4946.8	5412.0	6085.7
燃气 / 亿元	607.9	574.0	463.1	532.0	566.7
集中供热 / 亿元	819.5	763.0	687.8	662.5	778.3
排水 / 亿元	1055.0	1196.1	1248.5	1485.5	1727.5
园林绿化 / 亿元	2234.9	2338.5	2075.4	2170.9	2390.2
市容环境卫生 / 亿元	505.7	592.2	472.0	561.1	623.0
工业污染源治理投资 / 亿元	849.7	997.7	773.7	819.0	681.5
当年完成环保验收项目环保投资 / 亿元	2964.5	3113.9	3085.8	2988.8	2771.7
环境污染治理投资总额占国内生产总值比重 /%	1.52	1.49	1.28	1.24	1.15

注：数据来源于《中国统计年鉴2018》。

在工业污染治理投资完成情况数据表中（表2-28），可以看到2000～2017年的具体数据，其中包括治理废水、治理废气、治理固体废弃物、治理噪声以及治理其他。过去十几年的数据表明，我国工业污染治理投资完成情况并不稳定，呈现波动状态，在2000～2008年、2010～2014年、2015～2016年为增长阶段，这些时间段投资完成情况较好，其他时间段则呈现出下降趋势。值得一提的是2014年投资完成情况最高，表明该年度污染治理投资完成情况较好。

表2-28　2017年工业污染治理投资完成情况　　　　单位：万元

年份	工业污染治理完成投资	治理废水	治理废气	治理固体废物	治理噪声	治理其他
2000	2347895	1095897	909242	114673	13692	214390
2005	4581909	1337147	2129571	274181	30613	810396
2006	4839485	1511165	2332697	182631	30145	782848
2007	5523909	1960722	2752642	182532	18279	606838

续表

年份	工业污染治理 完成投资	治理废水	治理废气	治理固体废物	治理噪声	治理其他
2008	5426404	1945977	2656987	196851	28383	598206
2009	4426207	1494606	2324616	218536	14100	374349
2010	3969768	1295519	1881883	142692	14193	620021
2011	4443610	1577471	2116811	313875	21623	413831
2012	5004573	1403448	2577139	247499	11627	764860
2013	8496647	1248822	6409109	140480	17628	680608
2014	9976511	1152473	7893935	150504	10950	768649
2015	7736822	1184138	5218073	161468	27892	1145251
2016	8190041	1082395	5614702	466733	6236	1019974
2017	6815345	763760	4462628	127419	12862	1448676

注：数据来源于《中国统计年鉴2018》。

从整体看，全国各地区均在进行工业污染治理投资，但各地区投资完成情况存在较大差异。以2017年为例，工业污染治理投资完成情况最好的是山东省，共计超过100亿元，遥遥领先于其他地区，其中在废水治理和废气治理两个具体指标上，山东省依旧保持领先，在其他治理指标上，山东省仅次于河南省位列第二。工业污染治理投资完成最少的是西藏地区，仅有694万元，主要用于治理废水、废气以及其他（表2-29）。

表2-29　2017年分地区工业污染治理投资完成情况　　单位：万元

地区	工业污染治理 完成投资	治理废水	治理废气	治理固体废物	治理噪声	治理其他
北京	156666	1565	78542			76559
天津	78305	2145	59536	4	12	16609
河北	342738	17680	262270		19	62770
山西	515241	18862	430967	1234	1228	62950
内蒙古	421211	59866	263758	3044		94542
辽宁	130471	8247	100891	1745	312	19275

续表

地区	工业污染治理完成投资	治理废水	治理废气	治理固体废物	治理噪声	治理其他
吉林	90702	3219	84892	470	82	2039
黑龙江	91220	18780	69017			3423
上海	448240	99490	133451	66443	62	148794
江苏	447999	80959	229915	29207	1317	106601
浙江	369011	62112	240301	434	1601	64563
安徽	258955	19816	197684	4183	1828	35443
福建	147394	12146	114470	2923	5	17850
江西	106395	25987	72928	280	240	6960
山东	1130995	105626	813429	850	695	210395
河南	504559	8632	280371	540	561	214456
湖北	174632	31296	124206	5542	637	12951
湖南	86090	14036	66139	212	610	5093
广东	420272	45205	260675	314	481	113598
广西	75847	9019	43792	167		22870
海南	34253	896	31305	377	1500	175
重庆	60702	1508	49957	66	242	8929
四川	126934	21085	87975	4840	555	12479
贵州	53360	13694	31706	1244	65	6651
云南	59617	5584	33682	1775	548	18028
西藏	694	280	40			374
陕西	172274	21936	110400	1322	263	38353
甘肃	74957	4749	32296	50		37862
青海	15285	3793	5837	32		5623
宁夏	85551	12801	71115			1635
新疆	134775	32745	81081	123		20826

注：数据来源于《中国统计年鉴2018》。

2017年全年林业投资完成情况为4800多亿元，全国各地区在林业投资上均有作为，其中广西壮族自治区林业投资完成情况超过1000亿元位于全国第一，并且在四个具体指标上均位于第一，其林业投资完成情况在全国为最好且大幅度领先于其他地区。林业投资完成情况最少的为海南省，仅有13亿，远低于全国平均水平及大部分其他地区（表2-30）。

表2-30　2017年林业投资完成情况　　　　　　单位：万元

地区	本年完成投资	生态建设与保护	林业支撑与保障	林业产业发展	其他投资
全国	48002639	20162948	6143511	20077573	1618607
北京	2074256	1670571	286063	103789	13833
天津	426095	413315	12682	98	
河北	1222530	876811	160494	171547	13678
山西	1140098	936013	155760	34625	13700
内蒙古	1534901	1259491	239992	11724	23694
辽宁	395110	247492	106748	40051	819
吉林	932160	566176	151172	161290	53522
黑龙江	1527454	1156347	163297	86802	121008
上海	180560	113335	26017	36376	4832
江苏	1382175	552320	85814	739578	4463
浙江	846310	479409	191010	150900	24991
安徽	967897	504820	178385	265215	19477
福建	2324943	117260	231749	1962550	13384
江西	1558707	563074	310728	342109	342796
山东	3041117	806210	391107	1826253	17547
河南	922295	684237	120835	112345	4878
湖北	1974281	575888	198060	1190165	10168
湖南	2716636	850487	362049	1438317	65783
广东	816578	451912	274735	46254	43677
广西	10418614	1378281	516939	8001089	522305

续表

地区	本年完成投资	生态建设与保护	林业支撑与保障	林业产业发展	其他投资
海南	131481	84670	31818	11344	3649
重庆	606762	283296	135181	170407	17878
四川	2757320	1040776	159228	1505223	52093
贵州	1503286	601284	209003	673933	19066
云南	1247752	800894	276295	135333	35230
西藏	360247	72539	262108	12105	13495
陕西	1293529	824993	147830	294976	25730
甘肃	1065849	556496	266823	233737	8793
青海	427591	254357	54496	90329	28409
宁夏	240567	192676	14856	24035	9000
新疆	1177899	694256	236462	204535	42646
大兴安岭	348659	329815	7386		11458

注：数据来源于《中国统计年鉴2018》。

综合上述污染物的排放以及治理情况可知，首先污染物的排放量虽整体上有所减少，但仍体量较大；环境现状虽有所改善，但仍较为恶劣；在污染治理投资以及林业完成治理投资上，地区差异明显，虽然部分地区走在全国前列，但平均水平不容乐观，污染物的排放、处理与环境治理仍需不断努力。

2.3.3　污染治理的市场手段和国家政策工具

污染治理并非一蹴而就，而是一个持续的、需要不断投入的过程，这一过程中既有市场化的手段，也有国家政策工具的支撑。

2018年5月，习近平总书记在全国生态环境保护大会上指出，要充分运用市场化手段，完善资源环境价格机制，采取多种方式支持政府和社会资本合作项目（中国政府网，2018）。我国目前使用的市场化手段主要如下：治污企业的出现是对传统污染治理企业的一种突破，并且早已在西方国家广泛运用并取得较好的成效，第三方治理的思路逐渐突破、替代传统思路成为一有力途径（陈啸，2017）；通过市场化的手段，自 20 世纪 90 年代便在我国开始探索的环境污染责任保险制度（王宇灵，2019）；利用市场机制以调动排污单位积极性的排污权交易制度，充分发挥市场在环境容量资源配置中的决定性作用，提高环境治理效率（曹金根，2017）；PPP 模式在环境治理领域的尝试等（刘军、卓玉国，2016）。

环境保护是我国的基本国策，建立资源节约型、环境友好型社会是我国长期坚持，并且坚定不移的奋斗目标。在国家政策支撑上，前文已经论及污染治理的投资即为国家财政政策支持下的环境治理投资。国家第十个五年规划就已经提到遏制生态恶化，提高环境质量，一直到"十三五"规划，生态环境保护始终处于不可替代的重要地位。"绿水青山就是金山银山"，党的十八大以来生态文明就已纳入"五位一体"总布局中，并出台《生态文明体制改革总体方案》，生态文明建设已然上升到国家战略高度，绿色发展已经融入执政理念之中，环境保护、生态文明的进程进入前所未有的新高度。

生态文明建设是全面建成小康社会的重要环节，近年来我国环境治理正稳步推进，环境质量在一定程度上得到改善，但仍与社会需求、民众期待相差较大。"十三五"规划继续强调生态环境建设，建设美丽中国仍需不断努力。

第3章

环境效率评价理论及应用

随着环境问题的日益突出，各国政府均采取积极手段应对环境污染。在进行环境治理的同时，更对企业这一主要污染源加以约束，限制其污染物的排放，并鼓励他们采取积极措施应对环境问题。从微观层面来看，企业需要有效的工具和方法来进行环境治理，以实现经济的绿色增长。在此思想的指导下，企业的目标即是用最少的资源消耗和环境代价实现经济增长。本章首先介绍一些界定环境效率的代表性观点，然后阐释当前主流的绩效评价理论和研究现状，接着梳理国内外学者对环境效率评价的研究成果，包括评价指标的选取和评价方法的应用。

3.1　环境效率含义

3.1.1　环境承载力

早在1798年，托马斯·马尔萨斯（Thomas Robert Malthus）就指出"人口按几何级数增长而生活资源只能按算术级数增长，所以不可避免地要导致饥馑、战争和疾病"的人口资源论，可以看作对承载力概念的最早阐释。之后，生态学领域开始借助承载力研究种群数量增长规律，资源学、环境科学等领域也开始定量计算承载力大小。尤其是全球性环境问题爆发之后，环境容量、资源承载力、环境承载力等概念被提出，对它们的研究和应用广泛展开，致力于解决资源环境约束下生态、环境和人类社会发展问题。

20世纪60年代末，为了在环境质量管理中实施总量控制，日本学者西村肇（Jim Nishimura）提出了"环境容量"的概念，可以视为环境承载力的前身。随后，更多的学者也加入到对此问题的研究行列，并引申出更加具体和细化的概念，如最大容许纳污量、同化容量、水体容许排污水平等。20世纪70年代，环境容量概念被引入中国，并成为环境科学基本理论问题之一。张永良等人研究水环境容量的开发和利用问题，为提升我国水污染防治工作效益建言献策（张永良等，1988）。鲍全盛等人选取丰裕度指数、紧缺度指效和水环境容量季节变差系数等作为区划指标进行测算，结果显示我国河流水环境容量具有区域差异性，对水污染的控制和治理应因地制宜（鲍全盛等，1996）。林积泉等人以龙门能源重工业区为例，采用箱模型计算了不同风速频率下的大气环境容量，并针对性的提出整治方案（林积泉等，2005）。

联合国教科文组织在20世纪80年代提出"在可预见的时期内，一个国家或地区利用本地资源及其他自然资源和智力、技术等条件，在保证符合其社会文化准则的物质生活水平下所持续供养的人口数量"即为资源承载力（廖慧璇等，2016）。我国学者余春祥（2004）也对资源承载力的内涵和特征进行了界定，阐述了环境容量、资源承载力和经济发展的关系，提出将生态效益价值引入资源开发决策系统。

1974年，Bishop等提出了环境承载力的概念，将其定义为"维持一个可以接受的生活水平的前提下，一个区域所能永久承载的人类活动的强烈程度"，用于衡量人类社会经济与环境的协调程度（Bishop等，1974）。环境承载力可以看作是对环境容量概念的延伸，是一个更加多维的指标，除考察环境容量之外，还涉及资源供给（如水资源、能源、土地等的供给情况）和社会影响（如污染治理、社会满意度）等方面。

需要说明的是，环境承载力并不是一个确定值，它因人类对环境的改造活动而发生变化。随着社会经济的发展，环境承载力会不断提升，这主要得益于技术创新的贡献。一方面，新的生产技术提高了资源的转化效率，在生产同样数量产品的情况下可以消耗更少资源，排放更少的污染物；另一方面，污水、废气等废物处理设备的使用，清洁生产技术和污染防治技术的推广，以及循环生产模式的助力也进一步降低了污染物排放数量。在当前资源环境保持不变的情况下，相对提高了环境的承载能力。

3.1.2　环境效率

在进行环境效率评价时，首要的问题是如何定义环境效率，也即如何定义绩效指标的问题。20世纪70年代，Freeman等最早提出了环境效率的概念（Freeman等，1973）。目前，对环境效率的定义不下十几种，在提法上有环境效率、生态效率、经济–生态效率等，并无统一的说法。

Schaltegger和Sturm将生态效率视为商业活动和可持续发展联系的纽带（Schaltegger and Sturm，1990）。之后，世界可持续发展工商理事会将生态效率定义为"满足人类需求的产品和服务的经济价值与环境负荷的比值，即单位环境负荷的经济价值"，并引入到商业领域中，指出企业在发展经济的同时也应关注环境方面，尽力做到二者的平衡可持续发展。在实际操作层面，BASE集团从产品生产的角度界定了生态效率的概念。经济合作与发展组织认为生态效率是用来衡量生态资源用以满足人类需求的一个指标，可用产品或服务的经济价值与环境污染的比值来表示，并进一步将生态效率概念扩大到政府、工业企业和其他组织的生产与运作（OECD，1998）。尽管叫法不同，但目前国内外比较一致的看法是"eco-efficiency和经济、环境这两个可持续发展的要素相匹配，是ecological efficiency和economic efficiency的简称"。由此也可以看出，研究环境效率既关乎经济发展，又关乎生态环境保护。为保持前后一致，本书统一使用环境效率这一提法。

学界和企业界根据自身研究对象、研究目标的不同定义了若干个环境效率指数（Performance Index），例如Chung，Färe和Grosskopf定义的方向环境效率（Chung等，1997），Scheel提出的"Universally Efficient"（Scheel，2011），我国学者卞亦文构建的网络环境效率（卞亦文，2007），徐婕等提出的伪标准指数（徐婕等，2007），以及Zhang定义的技术环境效率等（Zhang，2009）。在具体计算上，Reinhard等用多个有害投入的最小可能值与实际使用量之间的比值来衡量环境效率的大小；Kortelainen给出的环境绩效的计算则是用价值增加值与由此带来的环境破坏的比值来表示的（Kortelainen，2008）。

尽管对环境效率的定义众说纷纭，在提法上也不一而同，但都是从经济和环境两个方面入手，效率值也大都以经济价值增加值和环境影响的比值来表示，是对资源利用以及经济活动对环境影响的一个综合测量。考虑到决策变量的处理方式、消费需求对环境效率及其评价的影响等方面，在保证环境效率基本内涵不变的前提下，可将其定义为"消费处于与社会经济发展相适应的适度水平上，经济活动产出与投入的比值"。这里，投入包括各类生产要素投入和环境压力。

3.2 环境效率评价目的

环境效率的核心定义将人类需求和环境负荷联系在一起，提高环境效率，必须在发展经济的同时保护环境。甘昌盛分析了我国企业环境绩效评价指标体系的研究现状，指出环境效率评价重在发现环境管理的价值，并且在提高环境效率的同时提升企业的财务绩效（甘昌盛，2012）。建立环境效率评价指标体系应明确环境效率评价的目的。不仅如此，明确评价目的也能给决策者提供思路，有利于确定效率指数的表达，为后续建立评价模型打下基础。当然，研究对象、所处地区、企业性质等因素的差异，也会使环境效率的评价目的千差万别。通过文献梳理，以下整理出一些有代表性的环境绩效评价目标。

卞亦文认为进行环境效率评价是为了判断现有的生产状况是否可以达到预定的生产目标和环保目标（卞亦文，2009）。根据预设的目标，评价者对现行的或者将要采用的生产方案进行评价，从而找出经济发展与环境协调中可能存在的问题，为环境管理、可持续发展战略以及环保政策的制定提供参考信息。

依据生命周期的观点，环境效率评价贯穿于产品的整个生命周期，包括企业的生产过程、原材料的利用、市场营销、产品运输和使用、维护、产品循环再利用等各个环节。通过环境效率评价体系可以约束或调整企业的行为，积极引导企业做好节能减排工作，减少企业活动对生态环境的不利影响，并且这也将会成为企业新的竞争优势。

郑季良和邹平指出环境效率评价并不是单纯地对企业的约束，而是透过环境效率评价引导企业重视环境管理，促进企业产品和生产过程的创新，进一步提高原材料利用率，加强污染防治以及报废产品的回收利用（郑季良、邹平，2005）。同时，环境绩效评价工作也有利于企业发现自身薄弱之处，改善企业及其产品的形象，有助于赢得顾客的信任，减少因环境责任而造成的风险，对企业与社区的关系起着决定性的影响作用。最终，获得经济效益、环境效益和社会效益，达到"三赢"的局面。

环境效率评价对管理者了解企业经营状况和合理配置资源提供帮助。绩效评价结果一般通过定性、定量的数据或者二者的综合性信息呈现出来，一方面有助于企业内部管理层及时了解并掌握企业自身的环境状况，另一方面能够协助管理层依据环境管理的绩效成果来分配企业各部门、各组织的任务，以达到资源更加合理和有效利用的目的。

环境绩效评估是政府部门对相应环境政策实施完成后所产生的环境效果进行的一系列测量和评价。同时，环境绩效评估也是一种行之有效的环境管理理念，它的主要目的是通过评价结果判别实际环境实施效果和计划环境目标之间存在的差距，并且对于存在的问题进行及时判定和改进。因此，环境绩效评估可以帮助提高环境管理水平，为环境管理政策提供决策依据，有效提升环境效率水平（曹颖、曹国志，2012）。

概括来看，可以从宏观和微观两个层面来说明环境效率评价的目的。宏观层面是指以国家宏观政策为方向，走可持续发展道路，为实现环境资源的可持续发展和循环利用，加强环境资源管理，而对环境资源开发与利用总体情况进行的评价。微观层面则是指从企业的角度出发，对企业环境保护与资源的开发利用情况进行的评价，具体来说包括以下三种观点：第一种观点认为必须从企业的社会责任角度构建环境绩效评价指标体系，将履行社会责任看作企业的应尽义务。第二种观点认为企业为了自身的经济利益和可持续发展的需求，主动披露其环境绩效信息，积极响应国家政策，接受社会的监督，增加社会公众的好感度，这样企业利润不仅不会随着环境成本的增加而减少，反而是在增加环境保护成本的同时企业利润会增加。第三种观点认为企业要改变目前经济和环境不协调的状况，迫切需要转变生产经营理念、主动采取绿色可持续的生产方式，落实环境保护政策。

从可持续发展目标来看，经过环境效率评估可以分析出企业在环境保护方面存在的不足之处，具体包括企业对于污染物的解决方案、企业关于环保资金的利用情况以及企业的具体资源生产效率等方面。在准确分析企业环境保护不足之处的基础上，有针对性地对此做出具体规划，从而保证企业可持续发展目标的稳步实现。

从利益相关者理论角度来看，社会能够为企业有效运营提供所需的环境资源，然后企业利用资源的同时也对社会造成了一定程度的破坏。在当今社会，企业应该承担起应有的社会责任，勇敢担负起保护生态环境可持续发展的重任，满足包含社会公众在内的所有利益相关者的信息需求（汤健、邓文伟，2017）。

3.3 环境效率评价指标

3.3.1 评价指标设计原则

评价指标的设计是进行定量比较的有效依据，直接影响评价结果的可靠性和有用性。因此，企业环境效率评价指标应具有科学性、可靠性、可比性、可行性、代表性、简洁性、适应性等特点。以下总结了一些学者们提出的环境效率评价指标体系的设计原则。

1. 可持续发展战略原则

环境绩效评价标准的一般原则应当全面、协调、可持续，其目的是实现国家的健康发展和国民经济的可持续发展。

2. 可操作性原则

可操作性原则是指环境绩效评价指标必须具备简洁性、明确性、可操作性、易理解性，并且数据应高度科学可靠。这要求在选择指标数据时，一方面要尽量将历史数据作为指标数据的主要来源，如从《中国环境统计年鉴》《中国环境统计年报》《中国环境状况公报》和文献资料中获取数据；另一方面，要避开复杂的数学模型和含糊不清、资料获取困难的指标，以此保证所选指标在评价阶段方便操作（许良虎、马丽，2011）。

3. 定性和定量相结合的原则

环境绩效评价的效益表现形式是多方面的，可分为经济效益、社会效益和环境效益，为了克服定量指标在评价环境效率时的片面性，往往需要引入部分定性指标。将定量指标和定性指标有机结合起来，从多层次多角度进行综合评价，并合理权衡定性指标和定量指标的比重，有助于企业更好地认识到环境管理带来的多种效益，从而调动企业内部的积极性。

4. 成本效益原则

企业的根本目的在于盈利，因此指标体系的设置必须考虑成本和效益，充分考虑每个指标获取的成本与收益的权重，构建粗细适当的评价指标体系。如果指标太粗，会使得出的结果片面化，指标太细，则会导致指标难以操作。同时，指标应该易于理解和判断，便于动态统计监测和获取，这样既能提高环境绩效评价的工作效率，也能够节约环境绩效评价的成本。

5. 客观全面与重要性相结合原则

设计和选用评价指标时应充分客观反映环境治理的状况，兼顾企业的特点的同时，也要突出评价的重点。

6. 财务指标和非财务指标相结合的原则

企业环境绩效一般表现为企业的环境意识、道德责任、环境文化、绿色技能、员工培训等非财务绩效形态。为引导企业以长远的眼光看待保护环境所带来的效益，将财务指标和非财务指标相结合，有助于更加全面地反映企业环境绩效，改变多数企业被动治理污染的现状。

7. 相关性原则

环境效率指数是对一系列环境政策执行效果的反映，要适应发展阶段的新特征和新需求。首先，环境效率评价指标要以国家、地区的环境政策特点为依据，客观评价环境政策执行的效果；其次，指标要能够明确地反映各个省（自治区、直辖市）现实存在的环境问题，尽可能全面地涵盖多个领域；同时，确保指标与环境绩效相关，既要综合体现企业在环境绩效管理等方面的内容，体现社会、经济、科技、环境与资源的相互促进和协调发展，又要方便度量。

8. 综合性原则

环境效率评估是一项涉及内容广、政策性强的工作，要想对其做出全面综合性评估，可以从以下两个方面着手：一方面，选取包含信息最多的指标，用尽可能少的指标反映尽可能多的环境效率内涵；另一方面，该指标体系要做到既不以偏概全，又要突出主导因素，从而在反映相关方利益的同时，兼顾企业的环境效益、经济效益和社会效益，体现出对环境影响的前瞻性、预测性和实操性（Xin Ren，2000）。

9. 可比性原则

只有能够实现环境效率的横向比较，评价指标体系才具有实用价值。各评价对象的客观基础条件具有差异性，一套行之有效的评价指标体系是在对若干决策单元的环境绩效水平进行综合评价的基础上建立的。在具体指标的选择上，要求指标的名称、含义、统计口径和范围等都尽可能标准化，以保证能够实现评价对象在不同时期以及更大范围内具有可比性（胡健等，2009）。

10. 透明性原则

评估指标体系要符合可连续性评估的要求，因而，所采用的评估方法以及数据的来源都要透明。

11. 公平性原则

由于各个评价对象所在地区的环境本身存在差异（如环境容量不同），因此，评估指标体系还必须基于公平性的原则，以便能公平地反映各地环境保护的效果。

12. 与其他指标体系相结合原则

应该充分地考虑相关领域的其他评价指标体系内容，相互借鉴、相互补充，适当调节本指标体系的内容，以达到系统性的目的。

在进行具体的评价时，并不需要满足以上所有设计原则，只需与评价对象的自身特点和特定的评价目的相匹配即可。

3.3.2　评价指标体系

随着对企业环境效率研究的不断深入，国内外学者从多个角度对企业环境效率评价指标体系进行了探索研究。构建一个完善的、实用性较强的环境效率评价指标体系是一个比较复杂的研究课题，对于企业环境效率的改善有着积极的意义。环境效率评价指标逐渐变得重要，但是截至 2017 年国内外并没有得出一个公认的环境效率评价指标体系，在指标的选择标准、指标的数据、测量技术和指标的标准定义上仍然存在很大的争议（余怒涛，2017）。

1. 国际非营利组织对环境效率的评价指标体系

目前，国际非营利组织对企业环境效率评价指标的研究主要放在企业社会责任这一大类下进行，且研究通常具有通用性，具有宏观指导意义，也可以作为研究企业环境评价问题的借鉴标准。

联合国国际会计和报告标准政府间专家工作组（ISAR）于 1998 年提出了 8 个方面的关键性环境效率指标，包括环境影响最终指标、潜在环境影响的风险指标、排放物和废弃物指标、投入指标、资源耗费指标、效率指标、顾客指标和财务指标（ISAR，2003）。

国际标准化组织——环境管理标准化技术委员会于 1999 年颁布的《环境管理环境绩效评价指南》ISO 14031—1999 成为各国环境评价的主要依据，此标准将环境绩效分为管理绩效（EMP）和操作绩效（EOP）两个维度，设计的指标体系也可以对不同性质、规模的组织进行评价，但缺点是无法对不同组织之间的环境效率进行横向比较。《环境管理环境绩效评价指南》ISO 14031—2013 是当前主要的环境绩效评价工具之一，在企业中具有广泛的适用性。相较于上一版本，该指南对环境效率评价原则、评价参数等方面均做了修改，在可持续发展理念的要求下，增加了"与环境、社会和经济可持续发展有关的环境效率评价指标"。在评价指标的分类上，设置了企业外部环境状况指标和内部环境绩效指标两方面，其中，内部环境绩效指标又分为管理绩效指标和经营绩效指标。

世界可持续发展工商理事会（简称 WBCSD）提出以生态效率指标来衡量企业的环境绩效，将生态效率描述为"在最小化资源的耗费和对环境的负面影响的同时，最大化企业价值"，其核心评价指标包括产品和服务的价值、产品或服务的环境影响，据此可将环境效率表示为：

$$生态效率 = \frac{产品或服务的价值}{环境影响} \tag{3-1}$$

2. 不同视角的研究

目前国内外有关环境效率评价的研究主要集中于综合评价、行业、生态文明、绿色供应链、价值链等视角，不同视角下建立的评价指标体系也各有特色，以下分别给出介绍。

（1）综合评价视角

Tyteca 分析了已有环境下评价指标的不足，他在生产效率理论的基础上，综合考虑了投入、产出和污染物三类因素，据此构建了更加全面的环境效率评价指标体系，并且结合数据包络分析方法进行环境效率的综合评价（Tyteca，1996）。

鞠芳辉等将企业环境效率评价指标分为两级，通过分类进行环境指标体系的构建，设计了包括环境政策、环保行为、企业生产过程、产品或服务在内的四个方面对环境的影响的企业环境效率综合评价模型（鞠芳辉等，2002）。贾研研分别构建了企业环境质量评价指标体系、环境技术创新投入评价指标体系、企业绿色化评价指标体系，并设定了环境成本与风险、污染与废弃物、外界认同绩效、环境教育与培训投入、环境技术创新投入、环境化人员投入、绿色战略、绿色生产制造和绿色化组织与系统等九个具体指标来评价企业环境绩效的综合评价模型（贾研研，2004）。刘丽敏等借鉴国际环境效率评价指标体系并依据我国法律法规，将环境效率评价指标体系设置为 5 个一级指标，分别为环境守法指标、内部环境管理指标、外部沟通指标、安全卫生指标和先进性指标，然后又将一级指标细分为 21 个二级指标，利用模糊综合评价分析模型，确定各个指标的权重，所得结果能够更加直观地反映企业环境绩效的优劣（刘丽敏等，2007）。陈璇和淳伟德从环境资源和材料的消耗、污染物控制和治理、环保投资三个方面来建设企业环境管理绩效评价指标体系，一级指标分别为环境资源消耗、污染物控制和治理以及环保投资，然后在一级指标的基础上划分出9个二级指标（陈璇、淳伟德，2010）。曹颖和曹国志基于DPSIR框架（即为驱动力—压力—状态—影响—响应框架）和指标构建原则，构建了中国省级环境绩效评价指标体系，该指标体系有四个二级指标，分别为环境健康、生态保护、资源与能源的可持续利用以及环境治理，设定了空气质量与人体健康、水质与人体健康、有毒物质等11个三级指标和32个四级指标（曹颖、曹国志，2012）。李明奎等依照指标选取原则，经过实地调研，同时参照以往学者的研究成果，确定了产业效益、功能完善、资源利用和环境治理四个维度，再从每一维度出发设计具体的评价指标，从而构建了国家级新区环境管理绩效评价指标体系（李明奎等，2016）。

（2）行业视角

田家华等针对国有资源型企业的特点，基于ISO 14031标准构建了适应我国国有资源型企业发展现状的四级环境绩效评价指标体系，将一级指标设定为环境绩效指标（MPIS）和环境状况指标（ECIs），二级指标分别设定为管理绩效指标、操作绩效指标和资源指标、能源指标、污染物指标（田家华等，2009）。李崇茂等在已有研究的基础上，结合煤炭企业的特点，构建了煤炭企业的社会—环境绩效评价指标体系，按照侧重点不同分为安全开采、绿色开采和环境治理三个一级指标，在每个一级指标下分别设置4个二级指标。苏利平（2016）基于现有环境绩效指标标准，以稀土企业为对象，分别从资源能源消耗、污染物排放、环境治理、环境财务及环境管理这五个方面构建稀土企业环境绩效评价指标，并以中国铝业为例，验证了所构建评价指标体系的合理性与可行性。姚翠红（2017）从企业内部管理需求出发，构建出"整体—部门—各具体指标"的查找环境绩效薄弱环节的路线，以期从源头上找出效率低下的原因，发挥环境绩效管理的作用。在环境绩效评价指标体系的构建上，以职能部门为单位分层次设计，分别从生产部门、财务部门、研发部门和环保部门4个维度展开，4个维度即4个一级指标，并选取原材料占比、"三废"综合利用率、环保投资比、环保技术创新成果、环保管理体系、绿色产业链等13个二级指标，最后通过层次分析法来确定各指标的权重并计算最终效率值。张永红等基于平衡计分卡和绿色经济增加值方法，结合我国当前的环境战略、能源发展战略及煤层气行业的实际情况，构建了煤层气行业的环境效率评价指标体系（张永红等，2018）。其中，一级指标包括财务维度、顾客维度、内部流程维度、学习与成长维度，具体的二级指标设定了26个。

（3）生态文明视角

黄晓波将环境绩效指标设定为经营绩效和管理绩效两个方面。但考虑到以往评价指标的单一性，并且大多数指标是绝对数指标，各个指标的计量单位不同，不能直接加总，他在研究中将环境绩效指标和财务绩效指标结合起来，并引入生态效率指标（黄晓波，2007）。刘建胜认为企业的环境绩效不但要反映企业资源的利用情况，还要反映出企业废弃物的循环利用率（刘建胜，2011）。因此，他从循环经济角度展开研究，将环境绩效和经济绩效相结合，考虑了指标的独立性，从资源利用情况、循环特征、生态效率三方面构建了企业环境绩效评价体系，并对应若干个二级指标。从生态文明建设视角出发，王燕等探讨了钢铁产品全生命周期对环境的影响，建立了反映财务业绩和环境业绩的评价体系，以钢铁企业为例，构建出目标层、准则层和指标层，其中准则层包括产品设计生态化、生产过程清洁化、资源能源利用高效化、废物回收资源化、环境影响最小化、财务业绩最大化六个方面，指标层则设置了20个评价指标（王燕等，2016）。彭满如等基于"压力—状态—响应"（PSR）模型，结合具体情况，选取了更有针对性的指标，同样构建了三个层次的环境绩效评价指标体系，其中目标层是压力、状态、响应三个目标，准则层为资源消耗、环境消耗、社会效益状态、经济效益状态、环境状态、环境管理、环境治理、环境评价八个方面，指标层则包括24个具体指标，并采用层次分析法对各指标权重进行了赋值（彭满如，2017）。

（4）绿色供应链视角

绿色供应链源于1996年所进行的一项名为"环境负责制造"的研究项目，初始目的是探索将环境保护的原则纳入供应链管理中。赵丽娟和罗兵根据绿色供应链和ISO 14000环境管理系列标准提出了包括环境影响、能源消耗、资源回收和环境声誉四类指标的环境管理绩效模糊综合评价方法，构建了供应链绿色度的评价指标体系（赵丽娟、罗兵，2003）。张艳和陈兆江从绿色供应链角度，根据环境管理标准，将罗伯特·卡普兰（Robert Kaplan）和戴维·诺顿（Dawid Norton）提出的平衡记分法的思想和绿色供应链的特点相结合，经过整合建立了绿色供应链中环境绩效评价指标体系，设定了资源的回收再利用性、供应链流程的能源消耗度、供应链流程的环境影响度、绿色供应链的环境声誉

4 个一级指标以及 11 个二级指标，同样采用层次分析法来确定指标的权重（张艳、陈兆江，2011）。

（5）价值链视角

基于企业外部价值链视角，常媛等针对企业外部的上游供应商和下游销售商（客户）分别构建了相应的评价指标集合（常媛等，2016）。其中，上游供应商环境效率评价指标包括环境方面认证、奖惩情况，企业内部环境管理或规范，供应物资的环保情况、供应商财务状况以及商业信用等级等五方面内容，并设定了若干个具体指标；下游销售商环境绩效评价指标包括社会形象、地理位置、合作关系、分销过程的环保情况以及销售商（客户）财务情况五个方面，同样设定了若干个具体评价指标。在他们的研究中，不管上游供应商还是下游销售商都仅是公司的交易对象，是评价企业环境绩效的外部因素。

目前我国的环境效率评价指标体系研究，主要借鉴国外的评价标准，尤其是 ISO 标准最为普遍，其通用性较强，能够针对不同的环境信息需求，建立较为客观、科学的评价体系，对提高企业的环境意识和企业环境绩效、从源头减轻环境负担发挥着一定的作用。但是国外的指标体系也存在一些问题，比如，他们的评价标准主要是非营利组织从企业的社会责任视角出发，而国内学者通常是按照利益相关者对环境经济、环境信息的需求度来制定环境评价指标体系的，其披露的各层面环境绩效信息具有片面性，评价指标体系存在差异性，不适合进行企业间的横向比较。整体来看，我国应该建立适合自己国情的、具有中国特色的环境绩效评价标准，以助力我国企业国际竞争能力的提升。需要说明的是，在传统的环境绩效研究视角下，学者们普遍对企业的内在需求和内在动力的关注度不足，主要都是关注于外部视角下的环境绩效评价，而忽视了企业自身的环境绩效评价需求，这将导致企业难以形成规范的、适用的、实操性强的环境绩效评价体系。

3.4　环境效率评价方法

研究者们对资源有限性以及生产过程排放污染物的担忧，是环境效率研究的出发点。作为管理决策的有力支持，环境效率研究不仅是对绩效评价理论体系的重大突破，同时也对企业实施节能减排的生产策略具有重要的现实指导意义。

在研究方法方面，效率评价的一般方法，如生命周期法、随机前沿分析法、数据包络分析等方法也同样适用于环境效率的评价。以下对环境效率评价的几种常用方法做一个简单介绍。

1. 生命周期法

生命周期法，也叫生命周期分析（Life Cycle Analysis，简称LCA），自20世纪60年代被引入环境领域，到90年代得到社会各界的广泛关注和使用。根据国际标准化组织（International Organization for Standardization，简称ISO）的定义，它是汇总和评估一个产品或服务在整个寿命周期内所有投入和产出对环境造成的影响的方法，包括既定影响和潜在影响。因涉及产品生产和使用的全过程，也被称为从"摇篮"到"坟墓"的分析方法，是分析环境效率的最为细致的一种方法。LCA在1997年被列入ISO 14040，成为环境管理决策支持的重要工具之一。不同于其他的针对企业的分析工具，LCA针对的是某一个具体的产品，汇总并量化产品整个寿命周期内因资源开采、能源消耗、生产、调度、分配、使用到最终处理而对环境产生的影响（Kirkpatrick，1993）。在应用方面，Finnveden和Ekvall采用LAC方法对比分析了废纸的回收和焚烧（Finnveden and Ekvall，1998）；Ayalon等以软饮料包装盒为研究对象，采用多维度生命周期分析方法，探讨针对固体废弃物的管理方法制定问题（Ayalon等，2000）；Lozano等综合了LCA方法和DEA方法，分析生产运作效率和环境影响之间的关系（Lozano等，2009）。

与环境影响评价相似，生命周期法用在分析某一具体产品时非常有效，也易于理解和操作，但是在将企业层面的多个产品的环境影响整合为一个指标时就会存在困难。

2. 多准则决策方法

多准则决策（Multiplecriteria Decision Making，简称MCDM）是决策理论和现代决策科学的重要内容之一，适用于在存在冲突的方案中进行选择的场景。在考察环境效率时，既要考虑成本、收益因素，还要考虑生产对大气环境、水环境等造成的影响，且收益与环境影响多数时候是相互矛盾、很难统一的。故此，学者们自然而然的就将多准则决策方法引入环境效率分析中，以便更加全面地评价研究对象的环境效率。在具体应用方面，Montanari采用理想解法（MCDM方法的一种），综合考虑了特殊消耗、特殊染料成本、SO_2、氮化物、烟尘排放和CO_2排放六个方面作为评价准则，评价了15家电厂的环境效率

（Montanari，2004）。与其类似，Gómez-Lópeza等也采用理想解法，对六种不同的污水净化方法进行了比较和选优（Gómez-Lópeza等，2009）。

3. 随机前沿分析

随机前沿分析（Stochastic Frontier Analysis, 简称SFA）是前沿分析中参数方法的典型代表，也被广泛应用于效率评价问题的研究。不过使用该方法之前要先明确给出生产函数的具体形式，并选取了影响资源环境或人类健康的因素作为自变量。1999年，Reinhard等人选取了一个环境有害变量作为投入，使用面板数据对荷兰奶牛场进行随机前沿分析，测量出随机超越生产前沿面（Reinhard等，1999）。随后，他们将之前的方法扩展到多个环境有害变量，分别采用SFA方法和DEA方法进行环境效率测算，并做比较分析（Reinhard等，2000）。

4. 距离函数法

距离函数（Distance Function）是以被评价对象到生产前沿面上的距离来衡量其效率大小的一种评价方法。最早在1970年，Shephard就提出了一个产出方向的距离函数，可同时实现对期望产出和非期望产出的改进。但是，该模型对两类产出的改进是同一个方向，即期望产出和非期望产出同增同减，不符合我们对非期望产出减少的预期，因此，此函数并不适用于环境效率的评价。为解决这一问题，Chung等在Luenberger 生产力指数的基础上构建了一个方向距离函数，可以同时实现期望产出的增加和非期望产出的减少（Chung等，1997）。我国也有学者使用此方法，如Zhang构建了一个距离函数模型，系统地测量了我国各地区的工业环境效率，得到了技术–环境的综合效率测量值（Zhang，2009）。

5. 数据包络分析

数据包络分析方法（DEA）自1978年（Charnes等，1978）问世以来，在绩效评价领域应用广泛，在银行、医院、生产型企业等各种组织的效率讨论中均有使用。将其应用于环境效率评价时，需要在传统的评价指标中加入环境指标。相较于其他评价方法，DEA的优点在于它是一种相对评价方法，更加客观，因而能够有效减少环境指标主观赋权对效率值的影响。1989年，第一个环境效率评价的DEA模型被构建出来（Färe等，1989），之后学者们在理论和实践方面的探索不断丰富，如Bevilacqua和Braglia采用经典的CCR模型对意大利7家石油精炼厂的相对环境绩效进行评价（Bevilacqua and Braglia，2002）；Vencheh等拓展了环境效率的概念，并据此构建了一个更加通用的模型（Vencheh等，2005）。

6. 其他方法

除了以上方法外，学者们也会在评价环境效率时使用一些综合方法，例如EPIC土壤侵蚀和生产力影响传算模型和多目标规划方法的综合（Mimouni et al.，2000），随机前沿分析和数据包络分析方法的综合（Reinhard，2000），层次分析法、生命周期法和集群分析相结合（Huang and Ma，2004）。

按照效率计算使用的方法，Zhang和Xue将环境效率评价方法划分为随机方法和确定性方法（Zhang and Xue，2005）。其中，随机方法是一种参数化方法，上文提到的SFA方法就属于此类，它的优点是考虑了随机因素对结果的影响，能够区分低效率产生的原因是统计噪音还是生产无效，并且可以进行假设检验，缺点是容易受多重共线性的影响，尤其当污染物的个数超过两个时将导致结果失真。确定性方法可以是参数化方法，也可以是非参数化方法，相较于随机方法而言，没有多重共线性的困扰，但是无法区分环境噪音对结果的影响。上文提到的DEA方法就是确定性非参数方法的一种，常用于环境效率评价。

在以上所列方法中，DEA是一种有效地对具有多投入多产出的决策单元进行效率评价的方法，也是环境效率评价最常采用的一种方法。基于DEA方法的环境效率评价的理论和实证研究始于20世纪80年代，并从21世纪初开始大量见诸于各类管理科学的重要期刊，如*Annals of Operations Research*，*European Journal of Operational Research*，*Energy Economics*，*Energy Policy*等。

1989年，Färe等人提出了第一个环境效率评价模型——双曲测度模型，但真正意义上的环境效率DEA模型是由Haynes等人提出的（Haynes等，1993）。Färe等人构建的环境生产可能集（Färe等，2004），是对传统生产可能集的修改和补充，此概念成为后来许多学者研究环境效率的理论基石。Liu等人提出了一个更普遍化的DEA模型，其不仅考虑了非期望产出，同时也考虑了非期望投入，进一步拓宽了理论模型的应用范围（Liu等，2004）。在国内，运用DEA方法进行环境效率评价的研究也数量众多，代表性人物有周鹏、卞亦文、宋马林等。周鹏在碳排放分解、能源效率评价、环境效率建模等方面开展了一系列研究工作（Zhou等，2010；Zhou等，2012；Jin等，2014）；卞亦文在环境效率建模方面做了诸多研究，从生产系统结构入手，提出了网络生产结构的环境效率评价模型（卞亦文，2007；Bian and Yang，2010；Bian 等，2014）；宋马林的工作多在效率建模方面，自 2012 年后的研究则集中在环境效率评价方法的统计属性分析（宋马林等，2012；Song 等，2013）。实证分析方面，徐婕等将 DEA 交叉效率模型运用到环境效率问题，用以评价我国各地区资源、环境和经济协调发展的相对有效性（徐婕等，2007）。王兵等运用基于松弛变量的方向距离函数和 Luenberger 生产率指标测量了中国 30 个省市在 1998～2007 年的环境效率、环境全要素生产率及其成分（王兵等，2010）。汪克亮等同样利用方向距离函数研究环境效率，其创新之处在于引入了"环境规制"的思想（汪克亮等，2011）。

在优化方法上，不论是径向模型还是非径向模型，均是向生产前沿面投映找出实际的投入至产出组合与参考点之间的差距，通过调整投入、产出量从而实现效率的提高。在这个过程中，对投入和产出的约束十分宽松，只要数值大于零即可，没有更苛刻的限制。考虑到环境承载力问题，如果对生产中排放出的各种污染物不加以限制，总有一天会对生态环境造成不可逆转的破坏。因此，应该考虑在环境效率评价中加入对污染物排放的限制约束。与非期望产出类似，期望产出在最后的效率优化阶段也可能因受到外界因素的约束而无法完全投映到前沿面上，比如当消费需求较低时，增加的期望产出反而会超过实际需求量，多余的改进量是无意义的。这一新的问题是对原有环境效率评价理论体系的一个挑战，但针对此方面的研究，目前却鲜有发现。

通过对已有文献的系统整理发现环境效率评价有以下特点：第一，研究者们大多默认生产是造成环境污染的罪魁祸首，极少考虑生产系统以外的其他因素在环境效率评价中的作用，尤其是与生产密切相关的消费的作用；第二，大部分理论研究致力于构建新的效率评价模型，通过不断修改假设条件以及增减变量得到新的环境绩效指标，却忽略了对决策变量的处理问题（如上述提及的对期望产出的处置），致使效率优化结果有失偏颇。现有环境效率评价理论和方法还存在不足；这些都使得现有方法无法准确评价环境效率并给出合适的效率改进策略。为解决以上问题，首先需要阐述清楚消费需求和环境压力之间的关系问题，以及由此可能造成的对环境效率的影响。

第4章

消费水平对资源环境的影响分析

自18世纪60年代爆发工业革命以来，人类活动从根本上改变了地球资源的分布状况和我们所处的环境条件。一方面，人类利用环境资源显著改善了生活，例如，生产力的飞跃发展使国民收入水平不断提升，人们的消费能力不断加强，享受到了更加舒适便捷的生活模式。另一方面，人类也为这些改变付出了极大的环境代价。出于对食物的需求，人类已经将草地和森林改造为季节性覆盖的农田，导致水土流失和土地退化，而过度放牧也造成了草地退化。出于对能源的需求，人类采矿、挖煤，导致土地塌陷、植被破坏和生态恶化，大量石油和煤炭的燃烧又增加了温室气体（如CO_2等）的排放，导致全球气温升高，异常气候现象增加。由于对水资源的需求，人类建造了水库和水坝，导致所处流域的自然生态系统发生改变，并带来了各种有害影响（吴文恒，2011）。

党和政府带领我们在实现中华民族伟大复兴的道路上取得了丰硕的成果，中国经济取得的成绩备受世界瞩目。自1978年改革开放政策实施后，国民收入水平不断提高，如今的中国已成为仅次于美国的世界第二大经济体，是经济发展程度最高的发展中国家。亚运会、奥运会、G20峰会等许多国际著名项目相继在中国举办，向全世界展示了我国强大的综合实力。但因为人口众多、经济发展迅速，我国的环境污染和资源短缺问题也日益凸显出来。中国的工业化仍在迅速发展，但一些资源型城市正遭受着工业固体垃圾的困扰，并且由于使用了大量的化石燃料，温室效应加重，危害了生态系统，尤其是草地、森林、沼泽、淡水栖息地等。另外，空气污染也变得更加严重。随着城市化比率的不断提高，在使得人口不断汇集产生规模经济优势的同时，也付出了更大的环境代价。每一天城市生活都会产生大量垃圾，目前的垃圾处理效率也相对较低，全国大部分城市与城镇都被垃圾处理所困扰。另外，我国一些地区因为植被遭到破坏，导致河流的泥沙含量增大，水土流失加剧，因此水污染也非常严重。

近年来，我国政府和人民在经济和环境发展相协调方面付出了巨大的努力。20世纪末，科教兴国和可持续发展被正式定为我国发展的基本战略。此外，在环境管理方面也相继颁发了一系列政策法规，实施了多项重大治理项目，如京津风沙源治理工程、退耕还林工程和天然林保护工程等。在治理污染方面，也施行了一些措施，比如关停污染重大的"十五小"企业、重点水域的污染治理等。之后，将爱护环境、节约资源写入科学发展观，加强实行可持续发展战略，大力推进循环经济发展，提倡绿色生产方式和文明消费。中国百姓的环保意识也在逐步提高，越来越多的人开始关注并参与到环境保护工作中来。2018 年 3 月 11 日，第十三届全国人民代表大会第一次会议第三次全体会议表决通过的宪法修正案，把生态文明建设写入宪法，环境保护，建设生态文明被推到了史无前例的高度。然而，由于问题的长期积累，以及环境问题的复杂性，导致了环境保护是一项长期而艰巨的任务。人口、资源和环境之间的矛盾会随着经济的发展而日益突出，我们必须不断加深对生态环境压力的认识。

人类利用资源环境进行的所有生产活动都是为了消费。从这个意义上讲，消费是造成资源环境压力的根本原因。消费水平的高低也从另一个侧面折射出人口对资源环境的影响程度。消费过程中人与自然是相互影响的。一方面，人们的消费如果超越了自然资源的承载能力，就会破坏生态环境。如木材产品的消费、石油的消费、土地资源的消耗等均会导致资源耗损和环境污染；另一方面，自然生态环境也影响着人们消费需要的满足、消费水平的提高、消费结构的升级以及消费方式的合理性（许进杰，2009）。深入查找导致资源环境压力的成因，是谋求可持续发展的根本途径所在。小康社会与和谐社会强调统筹人与自然的关系，缩小城乡和区域发展差距，实现共同富裕的目标。为了更好地发展经济，必须找出影响发展的根源，找出产生资源环境压力的根本因素，以利于制定切实可行的人地和谐发展和缩小城乡、区域发展差距的宏观政策。

4.1　我国居民消费情况分析

4.1.1　总体消费情况

我国居民消费水平从 1979～2018 年一直呈现上涨趋势，从平均的 208 元增加到 25002 元，无论是城镇居民还是农村居民，收入水平都在持续快速增长，这与改革开放之后我国社会经济快速发展和综合国力显著增强的趋势保持一致。统计数据显示，扣除价格因素变化，2017 年全国居民人均可支配收入比 1978 年实际增长 22.8 倍，达到年均 8.5% 的增速。与居民收入水平相对应，我国居民消费水平也发生了翻天覆地的变化，可支配收入的大幅增加促进了消费水平的大幅提高、消费数量的快速增加、消费质量的稳步提升以及消费结构的明显改善。

以改革开放为起始点，参考国家统计局公布的相关数据（国家统计局，2019）可将我国居民消费水平的变化划分为三个阶段。

第一阶段（1978~1991年）：土地是人类赖以生存的最基本的资源，"包产到户"拉开了我国农村土地制度改革的序幕，十一届三中全会之后，土地制度改革在全国推广开来。土地制度改革加上一系列收入分配制度措施的施行，使得城乡居民收入水平上了一个大台阶，生活水平大幅改善，伴随着消费水平明显提升。具体来看，1978年城乡居民可支配收入分别为343元和134元，到1991年这一数据增加到1701元和709元，年均实际增长分别达到6%和9.3%。城乡居民消费支出从1978年的311元和116元增加到1991年的1454元和620元，年均实际增长率分别达到5.5%和7.5%。

第二阶段（1992~2000年）：1992年是一个特殊的年份，以邓小平同志南方谈话为标志，我国的改革进程迈入新的阶段，全国各地非公有制经济迅速发展，市场经济体制不断完善，新增大量就业岗位的同时，商品流通也更加便利，人民生活实现总体小康。从收入和消费数据来看，1992年城乡居民可支配收入分别为2027元和784元，到2000年这一数据增长到6256元和2282元；1992年城乡居民人均消费支出分别为1672元和659元，到2000年则分别增长至5027元和1714元。这一时期，城镇就业环境整体情况更好，居民收入增长较快，人均消费支出增速高于农村。

第三阶段（2001~2018年）：千禧年之后，国家进一步推进收入分配制度，城镇居民切实享受到利润分配倾斜带来的好处，可支配收入快速增长。农村居民也在国家的农业税减免、粮食补贴等一系列惠农措施下，实现了收入的提升。在此阶段，城乡居民的可支配收入从2001年的6824元和2407元，分别增加到2018年的39251元和14617元；城乡居民的人均消费水平从2001年的5350元和1803元，分别增加到2018年的26112元和12124元，扣除价格因素之后，实际增幅分别达到6.2%和8.4%，人们生活迈向全面小康。

从消费指数（消费指数是以上年数据为基数，将本年的人均居民消费水平和上年的人均居民消费水平进行比较得出的结果）来看（表4-1），若以上年为比较基准，除1989年以外我国每年的消费水平指数均大于100，意味着过去四十余年我国的整体消费水平呈稳步上升趋势；若以 1978 年为比较基准，到 2018 年全国居民消费水平指数飙升到了 2060.2。绘制消费指数的折线图可以更直观地看出我国消费水平指数的变化趋势，发现在 1991 年之前，无论全国还是农村、城镇的消费指数变化幅度都相当小，且三者变化幅度趋同，之后的消费指数呈跳跃式增长。从发展趋势来看，农村居民的消费指数走势和全国数据较为一致，主要原因是农村居民人均可支配收入增速明显高于城镇居民，且农村居民人均可支配收入增长潜力更大。尤其是党的十八大之后，国家全面落实建成小康社会的战略目标和方针政策，不断加大扶贫综合力度，鼓励和支持返乡下乡人员创新创业，继续推进精准扶贫和精准脱贫，极大地推动了农村居民收入的增加。

表4-1　全国居民消费水平指数

年份	指数 / 上年 =100			指数 /1978=100		
	全国居民	农村居民	城镇居民	全国居民	农村居民	城镇居民
2018	106.7	109.5	104.8	2060.2	1474.4	1162.7
2017	105.94	107.16	104.21	1930	1346.9	1109.6
2016	107.56	109.35	105.5	1820.5	1258.1	1063.5
2015	107.49	109.54	105.41	1692.57	1150.55	1008.08
2014	107.7	109.9	105.62	1574.59	1050.36	956.35
2013	107.34	108.56	105.29	1462	955.77	905.44
2012	109.08	108.88	107.21	1361.97	880.37	859.93
2011	111.04	112.93	108.22	1248.64	808.61	802.11
2010	109.59	107.36	107.87	1124.52	716.05	741.17
2009	109.83	109.29	107.96	1026.14	666.94	687.1
2008	108.3	106.98	106.5	934.27	610.25	636.43
2007	112.76	108.72	111.57	862.64	570.43	597.58
2006	108.45	107.32	106.56	765.03	524.66	535.62
2005	109.71	106.78	108.49	705.43	488.88	502.63
2004	107.18	103.94	105.97	643.02	457.82	463.32
2003	105.76	104.6	103.49	599.97	440.47	437.24

续表

年份	指数/上年=100			指数/1978=100		
	全国居民	农村居民	城镇居民	全国居民	农村居民	城镇居民
2002	108.42	106.57	106.31	567.28	421.11	422.47
2001	106.1	104.64	103.78	523.2	395.16	397.38
2000	110.6	106.61	109.74	493.13	377.63	382.92
1999	108.3	105.1	107	445.9	354.2	348.9
1998	105.9	101.2	105.9	411.5	346.5	319.6
1997	104.5	103.1	102.2	389.6	341.8	302.6
1996	109.4	114.5	103.4	372.5	328.6	297.2
1995	108.3	105.05	109.53	339.82	288.75	285.63
1994	104.6	103.1	104.4	313.8	274.9	260.8
1993	108.4	104.3	110.4	293.8	261.6	243.9
1992	113.3	108.5	116.1	265.8	250.5	212.3
1991	108.6	105.4	110.7	242.2	246	181.2
1990	102.81	103.41	101.38	227.5	240.35	163.63
1989	99.8	98.3	100.7	221.3	232.4	161.4
1988	107.8	105.2	109.7	212.6	219.8	159.9
1987	105.6	104.9	105.6	203.1	212.6	152.2
1986	104.7	102.3	106.7	191.6	200.8	145.7

4.1.2 分地区消费情况

1. 省市间差异

我国居民消费水平总额在过去几十年有显著的提升，但各地区之间差异较大。以全国31个省份的人均居民消费水平总额计算，从区域划分来看，上海市、北京市和天津市一直分别占据着前三名的消费水平总额地位。从2002到2017年，这三个直辖市的人均消费水平之和增长了近5倍，在全国31个省的人均消费水平所占的比例由2002年的22.3%到2017年的20.22%，虽然稍有下降，但是基本维持在20%左右。从时间进程来看，人均居民消费水平由2002年的

4082元增加到2017年的23349元，随着经济的飞速发展，我国各省居民的消费水平均有快速的提高（表4-2、表4-3）。

表4-2　2002~2009年分地区人均居民消费水平总额　　单位：元

地区	2002	2003	2004	2005	2006	2007	2008	2009
北京	10882	12014	13425	14662	16487	18553	20113	22023
天津	7120	7789	8621	9504	10609	12034	14150	15200
河北	3081	3271	3758	4270	4924	5667	6498	7193
山西	2720	3011	3676	4172	4883	5693	6519	6854
内蒙古	3341	3565	4042	4967	5746	7062	8354	9460
辽宁	5095	5159	5492	6447	6926	7934	9690	10906
吉林	3869	4557	4601	5191	5710	6675	7629	8538
黑龙江	3516	3919	4212	4822	5141	6037	7135	7922
上海	12627	14013	15937	17894	20022	22889	25167	26582
江苏	4708	5261	5913	7066	8182	9530	10882	11993
浙江	6098	7033	8174	9558	11099	12730	14264	15867
安徽	2988	3312	3707	3870	4409	5276	6006	6829
福建	5076	5524	6144	6793	7971	8943	10645	11336
江西	2651	2739	3353	3821	4117	4676	5805	6212
山东	3924	4351	4924	5916	7064	8142	9673	10494
河南	2553	3083	3625	4092	4530	5141	5877	6607
湖北	3263	3853	4309	4883	5480	6513	7399	7791
湖南	3366	3729	4355	4952	5508	6254	7152	7929
广东	6199	7342	8800	9799	10619	12336	13911	15243
广西	2755	2974	3341	3899	4280	5114	6152	6968
海南	3233	3485	3847	4165	4819	5630	6134	6695
重庆	3204	3591	4155	4702	5323	6453	7637	8494
四川	2914	3203	3656	4130	4501	5259	6072	6863
贵州	2337	2502	2723	3256	3797	4263	4880	5456
云南	2463	2587	3315	3844	4172	4658	5465	5976

表4-3　2010~2017年分地区人均居民消费水平总额　　　单位：元

地区	2010	2011	2012	2013	2014	2015	2016	2017
北京	24982	27760	30350	33337	36057	39200	48883	52912
天津	17852	20624	22984	26261	28492	32595	36257	38975
河北	8057	9551	10749	11557	12171	12829	14328	15893
山西	8447	9746	10829	12078	12622	14364	15065	18132
内蒙古	10925	13264	15196	17168	19827	20835	22293	23909
辽宁	13016	15635	17999	20156	22260	23693	23670	24866
吉林	9241	10811	12276	13676	13663	14630	13786	15083
黑龙江	9121	10634	11601	12978	15215	16443	17393	18859
上海	32271	35439	36893	39223	43007	45816	49617	53617
江苏	14035	17167	19452	23585	28316	31682	35875	39796
浙江	18274	21346	22845	24771	26885	28712	30743	33851
安徽	8237	10055	10978	11618	12944	13941	15466	17141
福建	13187	14958	16144	17115	19099	20828	23355	25969
江西	7989	9523	10573	11910	12000	14489	16040	17290
山东	11606	13524	15095	16728	19184	20684	25860	28353
河南	7837	9171	10380	11782	13078	14507	16043	17842
湖北	8977	10873	12283	13912	15762	17429	19391	21642
湖南	8922	10547	11740	12920	14384	16289	17490	19418
广东	17211	19578	21823	23739	24582	26365	28495	30762
广西	7920	9181	10519	11710	12944	13857	15013	16064
海南	7553	9238	10634	11712	12915	17019	18431	20939
重庆	9723	11832	13655	15423	17262	18860	21032	22927
四川	8182	9903	11280	12485	13755	14774	16013	17920
贵州	6218	7389	8372	9541	11362	12876	14666	16349
云南	6811	8278	9782	11224	12235	13401	14534	15831
西藏	4469	4730	5340	6275	7205	8756	9743	10990
陕西	8474	10053	11852	13206	14812	15363	16657	18485
甘肃	6234	7493	8542	9616	10678	11868	13086	14203
青海	7326	8744	10289	12070	13534	15167	16751	18020

续表

地区	2010	2011	2012	2013	2014	2015	2016	2017
宁夏	8992	10937	12120	13537	15193	17210	18570	21058
新疆	7400	8895	10675	11401	12435	13684	15247	16736

从统计数据来看，各个省份的人均居民消费指数变化都非常大，每年位于人均居民消费指数前三名的省份都不尽相同（表4-4、表4-5）。但综合十几年的变化趋势看，变化较大的省份主要集中在中西部地区，包括贵州省、西藏自治区和新疆维吾尔自治区等，而东部地区各省消费指数变化则相对平稳。

表4-4　2002~2009年分地区人均居民消费水平指数

地区	上年 =100							
	2002	2003	2004	2005	2006	2007	2008	2009
北京	117.3	105.2	108.2	105.2	109.5	107.1	105.1	108.5
天津	104.7	108.0	112.1	109.4	109.9	109.9	111.8	109.0
河北	107.9	106.7	111.9	110.2	113.5	111.6	111.0	110.7
山西	123.4	107.6	109.8	109.8	114.6	111.6	108.7	105.6
内蒙古	113.9	104.7	110.7	110.2	113.4	118.1	109.1	115.0
辽宁	108.4	105.3	106.5	111.6	106.6	110.1	116.9	112.2
吉林	107.0	116.2	109.6	110.0	108.5	110.9	108.2	110.7
黑龙江	106.5	109.9	104.8	112.1	104.5	111.5	112.5	111.1
上海	108.4	109.7	111.1	109.7	109.9	110.2	105.9	105.7
江苏	109.6	111.7	113.6	113.2	112.8	112.4	110.0	113.0
浙江	111.0	113.9	112.5	113.6	113.6	111.6	109.1	112.4
安徽	105.9	108.0	101.4	110.4	112.1	112.9	110.9	110.3
福建	107.2	108.7	107.3	108.5	111.5	106.7	108.0	111.1
江西	106.0	102.9	111.6	109.6	125.0	108.4	114.8	112.3
山东	108.1	107.5	109.9	115.2	115.4	113.6	113.3	110.8
河南	108.6	108.6	109.5	107.7	112.3	109.1	114.3	112.4
湖北	111.5	109.0	107.3	113.3	113.3	118.9	113.3	105.3
湖南	103.9	109.0	109.7	109.7	107.8	111.4	109.0	108.9

续表

地区	上年=100							
	2002	2003	2004	2005	2006	2007	2008	2009
广东	113.2	117.0	115.9	110.0	107.4	112.9	107.1	110.9
广西	107.6	105.3	108.6	114.9	108.5	111.8	110.9	115.8
海南	108.0	106.7	107.5	106.4	109.1	109.6	110.3	110.1
重庆	106.2	109.7	109.2	109.2	111.1	115.3	110.0	112.4
四川	108.7	109.8	106.1	110.8	106.5	110.2	107.1	112.1
贵州	106.5	106.3	104.2	115.9	115.0	104.8	105.7	114.3
云南	109.3	103.1	121.9	110.8	106.6	104.8	110.8	111.9
西藏	119.0	121.8	111.8	95.3	96.2	110.1	109.3	115.1
陕西	106.9	107.6	108.1	106.8	110.9	110.6	109.9	109.7
甘肃	108.2	108.7	110.9	109.6	108.9	106.3	105.2	107.1
青海	105.5	107.5	109.2	114.0	106.6	110.8	106.6	108.6
宁夏	112.4	113.7	115.9	114.6	106.9	111.7	116.2	106.4
新疆	109.7	100.4	105.9	110.7	107.2	110.9	105.9	107.6

表4-5 2010～2017年分地区人均居民消费水平指数

地区	上年=100							
	2010	2011	2012	2013	2014	2015	2016	2017
北京	109.7	106.0	106.6	106.6	104.7	106.7	106.2	105.7
天津	114.0	110.0	109.1	106.7	106.9	106.2	106.9	106.4
河北	110.6	113.7	108.1	110.8	109.4	109.7	110.7	109.5
山西	109.4	109.6	112.6	110.5	105.0	111.5	103.7	118.8
内蒙古	111.1	114.3	111.7	109.9	108.7	104.6	105.5	104.3
辽宁	113.4	114.3	110.4	109.5	108.7	108.6	110.1	103.4
吉林	103.9	110.8	110.7	112.6	105.5	107.7	103.4	106.2
黑龙江	112.3	109.8	105.8	109.7	116.1	106.8	105.6	107.3
上海	109.9	106.5	106.0	107.3	107.3	106.5	106.7	107.3
江苏	111.4	114.0	114.2	116.6	111.9	110.2	109.1	109.3
浙江	110.5	110.7	106.0	107.4	107.3	106.0	105.4	107.2

地区	上年 =100							
	2010	2011	2012	2013	2014	2015	2016	2017
安徽	114.5	115.3	106.6	103.8	107.0	107.2	108.1	108.1
福建	108.1	106.8	107.0	107.1	107.9	108.8	110.9	109.4
江西	111.9	111.6	110.5	110.0	110.1	109.3	108.9	108.2
山东	110.3	109.6	110.4	110.1	110.1	109.0	108.5	108.6
河南	114.1	112.0	110.4	109.6	108.6	110.5	109.0	109.0
湖北	115.2	121.1	109.7	110.6	110.8	109.2	109.7	109.4
湖南	109.1	109.6	109.2	108.1	109.2	107.4	108.0	108.0
广东	109.3	107.9	108.3	106.4	108.3	106.8	105.7	105.2
广西	111.0	108.4	110.3	109.1	107.6	107.3	106.3	106.5
海南	111.8	115.2	109.3	108.2	108.7	108.5	106.6	109.5
重庆	114.1	114.1	111.9	112.2	111.1	110.6	110.0	108.6
四川	113.7	114.4	112.2	108.7	108.4	108.0	107.3	108.6
贵州	111.6	109.9	109.2	112.7	113.1	109.9	112.6	112.2
云南	112.7	116.2	113.7	111.7	107.7	110.9	106.8	106.8
西藏	112.1	105.8	108.6	116.7	111.3	116.1	108.0	110.6
陕西	111.7	112.3	114.1	110.4	110.1	106.5	107.3	108.1
甘肃	109.3	120.2	111.8	111.7	110.8	109.6	108.8	107.8
青海	107.0	112.8	115.2	111.8	109.7	110.1	109.2	106.6
宁夏	108.6	111.1	109.2	108.8	111.7	112.5	107.2	108.0
新疆	118.7	110.8	115.9	103.7	107.0	108.4	110.4	107.7

2. 城乡间差异

根据统计数据可计算出我国城镇和农村居民消费水平的差额（图4-1），显然，二者之间始终存在差距，并呈现出逐渐扩大的展趋势，农村居民消费增长动力明显不及城镇。

从收入水平来看，城乡居民的收入水平均有极大提高，伴随着改革开放之后我国收入分配制度改革的逐步推进，国家对保障和改善民生方面的投入也在不断加大，农村居民收入增速快于城镇居民，二者间差距在明显缩小。2010年城乡居民人均可支配收入之比为3.23，2015年下降到2.73，而到2018年仅为2.69。

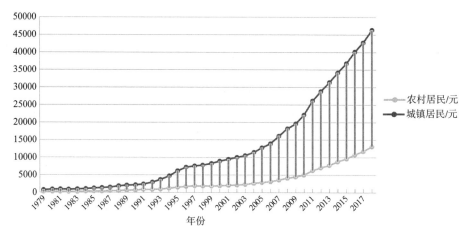

图4-1　城乡居民消费水平差异

在城乡居民收入差距不断缩小的情况下，城乡居民的消费水平差异反而变大了，其原因是多样的，城镇化发展便是其中之一。随着城镇化进程的不断推进，农村人口进入城市工作、生活，他们所产生的集聚效应释放出巨大的消费潜力，尤其是农业转移人口的市民化可以长期提升这一群体的潜在消费水平，城镇化成为推动城镇消费持续增长的新引擎。

4.1.3　消费结构

伴随着全球经济的飞速发展，居民的消费能力不断攀升，消费需求呈现上升趋势。齐建国提出消费需求上升表现在两个方面，一个是需求总量的增加，一个是消费结构的升级（齐建国，2003）。消费结构是指各类消费支出在消费者总支出中所占的比重，是衡量宏观经济的一个重要指标，也能够反映一国的文化、经济发展水平和社会习俗。目前，大多数发达国家消费结构的特征是：基本生活必需品的支出在家庭总支出中所占比重很小，而服装、交通、娱乐、卫生保健、旅游、教育等类型的支出在家庭总支出中占很大比重。发展中国家消费结构的特征是：基本生活必需品在家庭总支出中占有很大比重，但这种情况会随着经济的发展、家庭收入水平的提高不断变化。消费结构的特征决定目标市场产品需求的构成，从而进一步影响企业的产品生产和经营决策。

纵览祖辈到父辈再到我们这一代，可以深刻体会到我国居民收入水平的大幅提高以及随之而来的消费结构明显改善。在解决了基本的温饱问题之后，居民消费开始从基本的吃穿消费向发展和享受型消费转变，反映了人们需求层次的提升。另外，我国的消费市场也在持续完善，居民消费环境得到不断优化，各项公共设施覆盖率逐步提高，居民可以享受到更加全面的社会服务，更加先进的教育和医疗服务，也更加注重生活品质，生活水平不断提升。

以下，我们从食品类、衣着类、居住类、交通和通信类、家庭设备用品及服务类、医疗保健类、娱乐教育文化类这七个方面，以2002年和2017年两年的数据为例，对我国居民的消费结构及其变化做简要分析（表4-6、表4-7）。2017年，全国各省的医疗保健类人均居民消费指数变化最大，一方面，说明我国居民的健康意识有了很大的提高，越来越注重对身体的定期检查和保健；另一方面，也说明随着生活水平的提高，越来越多的类似三高等的"富贵病"影响着人们的身体健康。另外，辽宁省的居民消费指数变化最大，这可能与辽宁省的经济政策和发展水平有关，也可能和该省居民消费意识逐渐增强和转变有关。相对于2002年而言，消费指数变化最大的主要集中于食品类和居住类两个方面，说明在经济发展水平较低的情况下，与衣食住行相关的商品仍然是人们消费的主要对象。与此同时，医疗服务类和家庭设备服务类的消费指数变化较小，说明服务类消费支出在经济不景气的环境下并不是人们主要的消费支出。

表4-6　2002年各省消费结构指数

地区	上年=100						
	食品类	衣着类	居住类	交通和通信类	家庭设备及服务类	医疗保健类	娱乐教育文化类
北京	0.84	0.83	0.87	0.85	0.83	0.86	0.82
天津	0.95	0.84	0.99	0.94	0.92	0.98	0.98
河北	0.91	0.91	0.95	0.91	0.91	0.89	0.92
山西	0.80	0.79	0.82	0.79	0.79	0.75	0.80
内蒙古	0.87	0.87	0.89	0.85	0.87	0.86	0.93
辽宁	0.90	0.90	0.92	0.91	0.90	0.88	0.95
吉林	0.92	0.93	0.97	0.90	0.93	0.94	0.94

续表

地区	上年＝100						
	食品类	衣着类	居住类	交通和通信类	家庭设备及服务类	医疗保健类	娱乐教育文化类
黑龙江	0.93	0.92	0.95	0.93	0.92	0.91	0.93
上海	0.95	0.90	0.92	0.89	0.90	0.89	0.93
江苏	0.91	0.90	0.89	0.89	0.89	0.90	0.94
浙江	0.91	0.87	0.89	0.86	0.87	0.88	0.90
安徽	0.94	0.92	0.93	0.93	0.92	0.92	0.94
福建	0.93	0.90	0.93	0.91	0.91	0.92	0.96
江西	0.94	0.92	0.95	0.95	0.92	0.95	0.96
山东	0.92	0.90	0.94	0.90	0.91	0.91	0.92
河南	0.92	0.90	0.92	0.91	0.89	1.01	0.93
湖北	0.89	0.91	0.89	0.88	0.86	0.85	0.91
湖南	0.96	0.95	0.96	0.94	0.93	0.94	0.97
广东	0.87	0.86	0.88	0.87	0.87	0.86	0.87
广西	0.93	0.92	0.92	0.89	0.90	0.91	0.94
海南	0.91	0.89	0.91	0.90	0.92	0.95	0.95
重庆	0.93	0.89	0.98	0.94	0.91	0.89	0.99
四川	0.92	0.91	0.92	0.93	0.90	0.91	0.92

表4-7 2017年各省消费结构指数

地区	上年＝100						
	食品类	衣着类	居住类	交通和通信类	家庭设备及服务类	医疗保健类	娱乐教育文化类
北京	0.94	0.93	0.98	0.95	0.95	1.02	0.97
天津	0.94	0.94	0.95	0.94	0.95	1.08	0.97
河北	0.90	0.93	0.94	0.92	0.92	0.98	0.93
山西	0.82	0.85	0.85	0.85	0.84	0.90	0.86
内蒙古	0.95	0.97	0.98	0.97	0.97	1.05	0.97

地区	上年＝100						
	食品类	衣着类	居住类	交通和通信类	家庭设备及服务类	医疗保健类	娱乐教育文化类
辽宁	0.95	0.98	0.98	0.97	0.97	1.04	1.00
吉林	0.92	0.95	0.95	0.96	0.95	1.04	0.96
黑龙江	0.91	0.94	0.95	0.93	0.93	1.03	0.97
上海	0.94	0.94	0.95	0.94	0.95	0.99	0.94
江苏	0.91	0.94	0.94	0.93	0.94	0.93	0.93
浙江	0.92	0.95	0.98	0.94	0.94	0.95	0.96
安徽	0.90	0.94	0.95	0.93	0.94	0.96	0.96
福建	0.89	0.92	0.94	0.92	0.93	0.94	0.94
江西	0.91	0.94	0.96	0.94	0.94	1.01	0.95
山东	0.91	0.93	0.94	0.93	0.93	0.97	0.95
河南	0.89	0.93	0.95	0.92	0.93	0.98	0.94
湖北	0.90	0.92	0.93	0.92	0.92	1.01	0.93
湖南	0.91	0.94	0.96	0.94	0.93	0.97	0.94
广东	0.94	0.96	0.97	0.96	0.96	1.01	0.98
广西	0.92	0.96	0.96	0.96	0.95	1.00	0.96
海南	0.91	0.90	0.97	0.93	0.92	1.01	0.95
重庆	0.89	0.95	0.94	0.93	0.93	0.96	0.95
四川	0.90	0.94	0.94	0.94	0.93	0.96	0.96
贵州	0.88	0.89	0.90	0.91	0.89	0.91	0.90
云南	0.93	0.94	0.94	0.95	0.94	0.98	0.95
西藏	0.91	0.92	0.92	0.91	0.91	0.93	0.91
陕西	0.91	0.94	0.95	0.94	0.94	1.00	0.94
甘肃	0.92	0.94	0.95	0.94	0.93	0.98	0.94
青海	0.93	0.95	0.97	0.95	0.94	0.99	0.95
宁夏	0.92	0.94	0.95	0.95	0.94	0.97	0.95
新疆	0.94	0.94	0.93	0.94	0.94	1.02	0.95

整理2002～2017年全国各省居民在不同类型产品上的消费指数，可以看出各地的发展趋势和差异。在食品类消费上，各年指数变化较大的省份中出现频率最高的主要集中在西藏自治区和新疆维吾尔自治区，说明在消费总水平较低的地区，食品类消费指数变化相对较大。在衣着类消费上，各年指数变化较大的省份以青海省尤为突出，与食品消费类似，说明在消费总水平较低的地区其衣着类消费指数变化相对较大。但是上海市和重庆市的衣着类消费指数都曾在两年内达到最高水平，这意味着经济发达的省份居民对着装类更新换代的意识更强、要求更高，可能更注重衣着的美感和舒适度，因而导致这两个直辖市内的衣着类消费指数变化较大。在居住类消费上，各年指数变化最大、出现频率最高的省份主要集中在青海省和海南省，但是北京市和上海市的居住类消费指数都达到过最高水平，这意味着特大城市的高房价对居民消费水平指数的影响仍然较大，这可能是由于高房价导致单套住房的影响权重增加，从而导致最后的消费指数的变化。在交通类消费上，各年指数变化最大、出现频率最高的省份主要集中在西藏自治区和海南省，这可能是由这两个省的地形地势的原因造成的，西藏处于青藏高原上，交通闭塞，海南省偏居东南一隅，与陆地隔海相望，这两个省份的交通投入相对而言较大，因而交通消费指数变化也相对较高。在家庭设备用品及服务类消费上，各年指数变化最大、出现频率最高的省份主要集中在江苏省和上海市，说明经济越发达，人们对家庭设备的质量和数量要求越高、越大，导致消费指数的变化也随之增大。在医疗保健类消费方面，消费指数变化较大的地区集中在东部发达地区和西部欠发达地区，而在中部经济水平一般的地区则相对较低。东部地区主要是因为居民健康意识的提高以及医疗技术和设备的投入力度较大，西部地区可能是因为国家政策的支持，因而均逐步建立了相对完善的医疗保障体系，医疗水平得以提高。在娱乐教育文化类消费上，该指数变化没有太强的规律性，仅北京市的指数变化略微较大，这可能是由北京的政治文化中心地位造成的。相对而言，在旅游资源比较丰富的省份娱乐教育文化类消费指数的变化也可能较大。

　　从宏观层面来看，过去几十年我国居民消费结构变化巨大，具体变化趋势如下：

1. 食品类消费方面

　　食品支出在居民消费总支出中的占比明显下降，即恩格尔系数在降低。恩格尔系数是国际上通用的衡量一个国家或地区人民生活水平高低的重要指标，其数值越小，说明人们生活富裕程度越高。1978 年，我国居民的恩格尔系数值为 63.9%，之后连年下降，到 2017 年降低到 29.3%，相较于 1978 年下降了 34.6%。改革开放以来，人们改变了过去较为单一的饮食结构，食物品种更加丰富，粮食消费数量减少，对肉、禽、蛋、奶等动物性食品的消费数量显著增加。另外，居民在外饮食比重也有明显上升，这和人均收入增加、生活节奏加快，以及人们消费观念的转变不无关系。尽管食品消费支出不断增加，我国城乡居民的恩格尔系数仍在显著下降，这反映出我国居民消费结构在改善，人们生活水平越来越富足。

2. 衣着消费方面

20 世纪 70~80 年代，居民对穿着主要是保暖御寒等较为简单的需求，不太注重衣服款式和材质，多以自制为主，更新较慢。改革开放之后，城乡居民的衣着需求发生了较大转变，从追求实用性、耐用性到更加追求美观和舒适，从以自制为主到以购买为主，服装的质地、款式和色彩的搭配也更加丰富化和个性化。统计数据显示，从 1978~2017 年，我国城乡居民人均衣着消费支出增长了 40 多倍，年均增长 10.0%。

3. 居住消费方面

改革开放初期，农村居民均是自建住房，而绝大多数城镇居民是租住单位公房或房屋管理部门的房屋，其比例高达 88.2%（1984 年数据）。从居住条件来看，人口多、住房面积小、三代同居是当时普遍存在的现象。随着党和政府不断改善居民居住条件，加大民用住宅建设的投资力度，居民的居住条件和居住质量均有显著提升。以 2017 年数据为例，城乡居民人均住房面积比 1978 年分别增加了 30.2 和 38.6 平方米，房屋更加宽敞明亮且设施齐全。

4. 家庭设备及服务消费方面

改革开放之初，居民家庭耐用品主要是手表、自行车和缝纫机，也就是俗称的"三大件"，人均拥有量也不算高，电视机更属稀有物品。1979 年，城镇居民平均拥有手表、自行车和缝纫机的数量分别为 204 只每百户、113 辆每百户和 54.3 架每百户，农村居民拥有量更低，分别为 27.8 只每百户、36.2 辆每百户和 22.6 架每百户。农村居民的电视机拥有量每百户还不足一台，即使是城镇居民，每百户也仅拥有黑白电视机 32 台。到 20 世纪 80~90 年代，家庭耐用消费品开始向电气化迈进，传统的"三大件"变成了冰箱、洗衣机和彩色电视机，实现了消费的升级，消费数量也有所增加。到90年代末，摩托车和家用汽车也开始进入百姓家庭消费清单。进入21世纪，家庭消费进一步向现代化、科技化方向发展，即使普通家庭也能消费得起智能手机、计算机和汽车。

5. 交通通信和娱乐文化教育消费方面

20世纪，我国居民交通出行方式较为单一，以汽车、火车出行为主，通信方式主要依靠邮政传递，居民在交通通信方面支出较少。现在，交通通信行业迅速发展，技术更加先进，人们有更多出行方式可供选择，通信也更加方便快捷。文化教育方面，城乡居民一改以往较为单调的文化娱乐生活，有更多的休闲时间，更多样化的娱乐方式。综合来看，对教育、文化、娱乐等发展性消费的投入都在不断加大。

6. 医疗保健消费方面

过去城乡医疗条件有限，医疗资源不足，居民花在医疗保健上的支出较少。随着城乡医疗条件的改善，居民医疗保健支出明显增加。尤其是随着新型农村合作医疗制度在全国的推广建立，以及近年来基本医保和大病保险保障水平的提高，进一步解决了居民看病贵、看病难的问题，居民医疗保障水平不断提高，就医较以前更加便利。党的十八大之后，国家不断推进城乡医保并轨政策，城乡居民能够享有更高水平的公共医疗服务。

我国当前已进入工业化发展后期，金融、信息、房地产等新兴服务行业迅速发展，居民消费快速扩展，且逐渐成为三大需求中的中坚力量。根据美国、日本等发达国家的历史数据显示，在此阶段消费者服务支出占比在人均GDP达到一万美元前后会经历显著的加速提升过程。2018年，我国人均GDP已达到9462美元，与产业结构的升级相对应，必然伴随着居民消费结构的升级。然而，2018年我国社会消费品零售总额增速回落至9%，这是自2004年以来首次跌破两位数，由此引发了一系列对我国消费市场发展态势的大讨论，许多人质疑，我国是否进入了消费降级的阶段。2019年2月，我国商务部召开新闻发布会，明确指出"我国消费结构升级仍处于上升期，消费规模稳步扩大，消费模式不断创新，消费升级趋势不变，消费贡献进一步增强，消费升级在我国还将经历较长的发展阶段"（中国网财经，2019）。

4.2 消费与资源环境的关系

4.2.1 消费的含义

一直以来，人类对日益减少的自然资源的担忧，对日益恶化的生态环境的归因，似乎都落在了生产一端，认为工业生产不仅消耗了大量的自然资源，也在很大程度上造成了现在的环境恶化问题。不可否认，西方国家的快速腾飞确实是建立在化石燃料使用的基础上，以破坏环境为代价，把经济发展置于中心地位，而我国过去几十年的快速发展也重蹈了这种不科学的发展模式的覆辙。尽管如此，我们却不能说环境污染仅仅是追求利润最大化的厂商造成的。在解释这个观点之前，让我们先来了解一下什么是消费。

消费包括生产消费和生活消费，是人们为了生产和生活需要而消耗物质资料的过程。其中，生产消费是指生产资料在生产过程中的使用和消耗，生活消费是指为满足个人生活需要而发生的对生活资料的使用和耗费，通常所说的消费多指生活资料的消费。从经济学的角度来说，也可以把消费理解为人类利用消费品满足自身欲望的一种经济行为。

4.2.2 消费的类型

目前，对消费类型的划分主要按照以下三个分类标准：

一是按照消费对象的不同，可将消费分为有形商品消费和劳务消费；

二是按照交易方式的不同，将消费分为钱货两清的消费、贷款消费和租赁消费；

三是按照消费目的的不同，将消费分为生存资料消费、发展资料消费和享受资料消费。

为了说明消费与资源环境的关系，此处给出第四种划分方法，即按照产品与消费需求之间的关系，划分为必需消费、适度消费和过度消费。必需消费是指购买生活中必备消费品的消费类型，是人们为了维持基本的生存需要而产生的对物质产品或劳务的一种消费行为，比如购买柴米油盐就属于必需消费。适度消费是一种量入为出的消费模式，它又包含两层含义：在微观层面，是指个人消费水平和消费结构要与家庭的可支配收入水平相匹配；在宏观层面，是指整个社会的消费水平和消费结构要与当时的技术水平、经济发展、资源和环境相适应，充分考虑资源的有限性和环境的承载能力，消费增长和经济增长保持同步的一种较为合理的消费行为。过度消费是指超出了家庭承受能力和社会经济发展水平的消费行为，仅按照自身欲望恣意索取，不考虑资源环境的承载能力，不仅造成社会财富的浪费、破坏资源环境，还会助长不良社会风气。

人们的消费类型并不是一成不变的，它会受到诸多因素的影响，生产力发展水平是其中一个最重要的影响因素，此外还可能受到家庭收入、消费观念、国家政策、物价水平等因素的影响。

4.2.3 消费与资源环境的关系

1. 循环流动模型

在讨论消费与资源环境的关系之前，让我们首先明确生产和消费这两大主要经济活动之间的关系。图4-2是经济学入门的第一个模型——循环流动模型，描述了经济活动中产品市场和生产要素市场中的实物流动和货币流动，它为我们展示了家庭和厂商之间、产品市场和要素市场之间是如何通过生产和消费两大活动建立连接的。其中，外层循环代表实物流动，内层循环代表货币流动，箭头的指向表示流动方向。

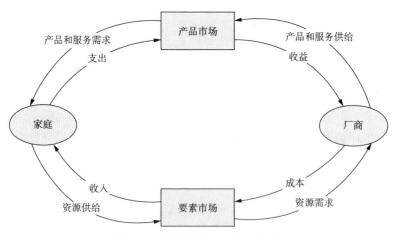

图4-2　经济活动循环流动模型

虽然生产和消费是两个先后不同的环节，二者的行为主体也不尽相同，但它们却连接紧密，互相作用。按照消费者统治说的观点，消费者根据自己对不同商品的偏好程度，用"货币选票"对产品进行投票。这些代表消费者经济利益和意愿的"货币选票"的投向和数量，成为生产者安排生产的依据，从而决定了生产什么、生产多少、如何生产等问题。

接下来，需要明确的是经济活动及其对应的实物流动和货币流动的规模会受到哪些因素的影响。因素应包括技术变化、劳动生产率、人口变化、自然灾害、国家政策、消费模式等。例如，当其他条件保持不变时，技术进步将提升厂商的生产能力，从而促进流动规模增大。类似地，消费模式从适度消费转变为过度消费或者人口规模快速增长也将导致需求扩大，从而需要更多的生产活动来生产产品和服务，进一步扩大循环流动的规模。无论是哪种影响因素发生变化（或者几种因素同时作用），都将影响经济规模和循环流动。结合以上对消费类型的讨论，过度型消费容易产生需求增长的假象，使得流动规模增大。

通过对循环流动模型中实物流、货币流以及流动所引起的经济规模变化的分析，我们便能轻松识别市场中家庭和厂商的关系，理解经济系统的基本功能。不过，循环流动模型并未向我们展示出生产、消费两大经济活动与环境之间的关系。

2. 物质平衡模型

为了更好地说明经济活动和环境之间的关系，Kneese 等提出了物质平衡模型，该模型把循环流动置于更大的系统之中，分别讨论了资源的流动和残留物的流动（Kneese 等，1970）。

可以看到，图 4-3 在循环流动模型的基础上加入了自然界，它一方面描述了资源从自然界向经济活动领域的流动，即经济活动通过汲取水、矿等自然资源而与自然界建立联系；另一方面描述了资源从经济系统流向自然界的相反过程，即进入经济系统的各类资源最终又以副产品或残留物的形式返回到环境中。这是自然资源经济学所研究的资源流动问题。

残留物会以各种形式回到自然界中，大部分气体残留物是没有危害的，环境本身的分解净化能力也可以自然吸收一部分，但长期来看，部分气体残留物和大部分液体、固体残留物对人体和环境存在着潜在威胁。由图 4-3 可见，不仅在生产部门，家庭消费也同样产生残留物，并流向自然界，这说明环境问题的产生并非仅仅来源于生产活动，还源于家庭部门的消费活动。为阻止残留物流向自然界，降低经济活动对环境的破坏，人们想到了回收、再循环和再利用

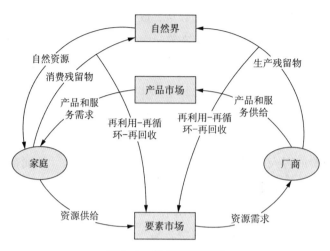

图4-3　物质平衡模型

的方法。在生产和消费的残留物中，有些可以直接被再利用，有些可以以现有形态被直接回收，这样就减缓了残留物流向自然的时间，在一定程度上减轻了环境压力。目前各国都在呼吁循环利用，但必须意识到它只是一种短期举措，因为无论循环利用几次，最终还是会以某种形式返回自然。以上对残留物及其从经济活动领域流回自然界的研究属于环境经济学的研究范畴。

综合以上两个模型，生产者组织生产、提供产品并不是随意决定的，而是根据消费者的意志。消费者对产品的需求一方面派生出了厂商对资源的引致需求，另一方面又在使用过程中向环境排放消费残留物，直接和间接造成了资源的消耗和环境的压力。消费对环境的影响是由各种消费行为共同决定的，包括购买、使用和耗费行为，这些消费行为又与不同产品的支出、产品的技术特征相联系（宁军明，2005）。

4.3　消费水平与资源环境压力分析

消费水平是指一定时期内消费者用于满足自身日常生活费用各项支出的总和。消费需求是指消费者对以商品和劳务形式存在的消费品的需求和欲望。通常，人们为了满足自身的各种需求和欲望，才会用货币去购买商品或劳务。因此，消费水平是人类实现各种需求的集中体现，消费水平的高低反映了人们消费需求的多寡。

在环境保护大背景下，需求决定供给，供给源自生产，生产决定资源投入以及废弃物排放，从而形成一条自消费者至生产者的约束链条。为了揭示消费需求对环境效率的作用机制，首先要研究消费需求对各类决策变量的影响，进而对环境效率的影响。故此，本节对消费水平和环境压力进行相关分析，以验证二者之间的关系和影响。

从国内外相关的研究来看，学者们对经济和环境之间的关系很是重视，从不同的角度，加入不同的控制因素进行了分析研究。本节首先对消费问题、经济与环境的关系问题等方面的研究进行梳理，其次介绍相关理论的原理和模型，最后利用STIRPAT（Stochastic Impacts by Regression on Population, Affluence and Technology）模型定量分析我国居民消费水平和资源环境压力之间的关系，并根据研究结果提出若干环境和经济协调发展的合理建议。

4.3.1　文献回顾

1. 消费问题研究

国内外聚焦消费问题的研究非常丰富，研究内容涉及消费模式、消费结构、消费行为、消费观念、消费心理、消费文化等，本书抽取其中与资源环境相关的部分做整理归纳。

20世纪60年代初，生物学领域的研究取得了长足发展，研究结果引发了学者们对环境问题的关注，消费作为环境问题研究的一部分也被提出（Røpke，2005），随后涌现出了大量关于人口与消费、绿色产品、可持续消费、消费与碳排放、生态足迹、能源消费等方面的研究，尤其是在20世纪90年代中期发展迅速。

一些学者以人口规模为切入点，研究其与碳排放量之间的关系，证明了人口扩张和碳排放量增加呈正相关性（Karl等，1990；Birdsall，1992；Knapp等，1996）。Rees提出了生态足迹的概念，构建了测算城市生态足迹的框架，并指出随着全球生态环境变化，过去流行的关于城镇化和可持续发展的经济假设也需要做适当修正（Rees，1992）。之后，Wackernagel和Rees合作提出了更为具体的分析方法（Wackernagel and Rees，1996），许多学者（Wackernagel and Yount，1998；徐中民等，2000）以此方法定量测量国家或区域的可持续发展状况。Dalton等以人口年龄结构为变量，借助PET多代模型模拟美国人口情景发展，分析人口消费对碳排放的影响（Dalton等，2008）。Chen等选取了10个亚洲国家，利用面板数据测算GDP和电力消耗量之间的关系，并指出，为实现节能政策的效果，可以从两个途径入手：一是合理规划、提升电力供应效率，避免电能损耗；二是从需求端入手，在不影响终端用户利益的前提下减少电力使用量，这些措施的施行并不会对经济增长产生不利影响（Chen等，2007）。David（2009）试图验证人口增长和城镇化对气候变化的影响，结果显示温室气体排放量的增加并非由人口增长驱动，而是由消费者及其消费需求的增加而导致。

国内对消费问题的研究也十分广泛，如20世纪末对农民消费行为的研究（陈会英、周衍平，1996；张晓山，1999），消费与资源的可持续利用研究（田雪原，1996；童玉贤，1998）等。之后，关于消费和经济增长、生态环境与消费结构、消费变革、消费与环境关系、消费需求分析、能源消费、生态足迹等的研究也广泛展开（江华，1997；陈栋为，2007；邓国用、刘阳，2011；王立猛、何康林，2006；尹世杰，2004；杨子晖，2011；靳相木、柳乾坤，2016）。在综合前人研究的基础上，吴文恒肯定了消费对促进经济发展的正向作用，同时指出资源环境是消费的基础，消费水平的高低反映了人口对资源环境作用的强度（吴文恒，2011）。因此，他认为"消费具有促进经济发展和导致资源环境压力的双重性"。即对于生产和经济发展来说，消费具有正面效应，而对于资源环境来说，消费则产生负面效应，消费可以说是人类作用于资源环境的根本所在。曾建平教授在其著作《自然之境："消费—生态"悖论的伦理探究》一书中，以"消费—生态"悖论为逻辑起点，以"消费—生态"之间的张力与人类文明的历史演变关系为研究基础，审视生态时代的消费方式、生态化等问题，并从政府、企业、公众三个不同而又紧密联系的行为主体入手，探析各主体的生态消费伦理准则，寻找"消费—生态"悖论的化解之道（曾建平，2018）。

2. 经济与环境关系研究

20世纪70年代末，随着环境生态学、环境经济学和环境管理学等新兴学科的发展迅速，涌现出了一大批经济和环境的研究成果。到90年代初，有经济学家开始关注经济发展和环境质量之间的关系，发展经济学中的库兹涅茨曲线被引入到对二者关系的研究中，学者们通过实证分析不断进行验证。如利用30个发达国家和发展中国家在1982～1994年的面板数据验证环境库兹涅茨曲线的存在（Panayoutou，1994）。

在环境质量的衡量上，学者们最初选取的指标主要是大气污染物。List 和 Gallet 使用的是 SO_2 和 NO 两个指标，利用 1929～1994 年美国各州的面板数据进行实证分析，得出了在洲际水平上，人均收入与人均污染物排放量存在倒 U 型关系的结论（List and Gallet，1999）。然而，20 世纪许多研究的假设条件有失偏颇，致使研究结果可能存在统计学上的偏差。采用严格的环境法规可以使污染排放程度降低，使环境库兹涅茨曲线变得更为平坦（Dasgupta，2002）。Galeotti 和 Lanza 选取的是 CO_2 排放量作为指标，验证了全球 100 多个国家近 25 年来的 CO_2 排放和经济发展之间符合环境库兹涅茨曲线关系（Galeotti and Lanza，2005）。同样，Kwon 也利用 CO_2 排放数据，基于 IPAT 等式，研究了英国近 30 年来汽车 CO_2 排放量变化的关键因素，得出富裕因素是过去 30 年英国汽车 CO_2 排放量增长的主导力量，CO_2 排放量随经济的增长而增加的结论（Kwon，2005）。Kaufmann 等人探讨了经济增长和空间强度对 SO_2 大气浓度的影响，结果表明，人均收入与 SO_2 大气浓度呈 U 型关系，经济活动空间强度与 SO_2 浓度呈倒 U 型关系，并指出一些环境问题可以通过减缓人口增长和增加收入水平来改善（Kaufmann 等，1998）。

随着研究的日趋成熟，学者开始尝试从更加宏观的角度探究经济增长与环境污染之间的关系。De Bruyn 和 Opschoor 选取了 19 个国家为研究对象，以工业代谢宏观模型为依据，讨论环境库兹涅茨曲线关系持续存在的可能性（De Bruyn and Opschoor，1997）。其研究结果表明，一些发达经济体可能正在进入一段新时期，中长期环境压力与福利之间的关系可能呈 N 型。Chimeli 和 Braden 的实证分析也验证了环境库兹涅茨曲线假说，指出环境库兹涅茨曲线是经济增长的副产品，并引入了政策因素，解释了要素生产率的差异对验证各国收入变化与环境质量间关系的影响（Chimeli and Braden，2005）。

国内对经济发展与生态环境压力关系的研究起步较晚。毛志峰和任世清通过分析人口容量与消费水平的关系，较早地认识到了消费的重要性（毛志峰、任世清，1995）。彭希哲和钱焱引入消费压力人口的概念，构建了一个量化模型以测算居民消费对生态环境造成的压力，并分省市比较了不同地区消费压力人群的现状和变化趋势（彭希哲、钱焱，2001）。耿莉萍的研究更加细致，分别讨论了食品消费规模与耕地资源压力，用水量的增加对淡水资源造成的压力，分析了我国家庭消费水平提高对资源和环境的影响，得出资源消耗量的增加将加重能源压力，物质消耗的增加将使中国的环境恶化更加严重（耿莉萍，2004）。徐中民等以生态足迹作为衡量环境影响的指标，利用中国各省市1999年的统计数据，研究了人口规模、现代化和经济区位对环境的具体影响，指出人口数量是当前影响环境的主要因素，社会财富的增加和现代化程度的提高也会加大对生态环境的影响（徐中民等，2005）。选取了1986~2003年间我国居民消费水平和三废排放数据，马树才和李国柱验证了中国经济增长与环境污染的库兹涅茨曲线关系，得出了环境污染不会随着经济增长而自动改善的结论（马树才、李国柱，2006）。彭希哲和朱勤在人口数量的基础上，加入了人口结构和技术进步两个变量，使用STIRPAT扩展模型，分析以上三个变量对碳排放的影响，得出居民消费和人口结构变化对中国碳排放的影响已经超过了人口规模的单一影响，消费水平的提高与碳排放的增加高度相关，且居民消费模式的变化正成为中国碳排放的一个新的增长点的结论（彭希哲、朱勤，2010）。丁焕峰和李佩仪以中国各省市为研究对象，分析了六类主要污染物指标与地区经济发展之间的内在关系，验证了环境库兹涅茨曲线的假设，并且得出，只有工业SO_2、工业粉尘和GDP之间存在倒U型关系，工业废水、工业固体废物和GDP之间呈正线性关系，而工业烟尘、COD和GDP之间则是负线性关系，工业SO_2和工业烟尘对区域经济增长有负面影响，环境污染对我国各地区经济增长的反馈机制较为薄弱（丁焕峰、李佩仪，2012）。

　　除了使用环境库兹涅茨曲线之外，学者们也在不断完善研究模型、拓宽研究范围，更加深入地探究我国居民消费对资源环境的影响。徐忠民在经典的IPAT方程和ImPACT方程的框架基础上，构造了新的可持续发展评价研究框架ImPACTS方程，新模型中加入了管理因素和社会发展状态因素（徐忠民，2005）。潘培等讨论了我国改革开放后每一阶段实施的农村经济政策的特点及其相应的农村环境问题，利用相关统计数据估计了农村居民消费方程，并分析了在不同收入水平下农民的消费特点及其消费变化对环境的影响（潘培等，2009）。李洋利用我国1980~2011年间的统计数据，定量分析了我国居民消费对能源消耗的动态影响，发现能源消耗和居民消费之间的确存在着长期的均衡关系，且对能源消耗有着十分突出的影响（李洋，2015）。

4.3.2 环境库兹涅茨曲线

20世纪50年代，经济学家库兹涅茨（Kuznets）在实证研究中发现收入分配差距和经济发展之间存在着这样一种关系：随着人均收入的增加，分配差距先扩大后缩小，呈反向的U型曲线，这条倒U型曲线被称为库兹涅茨曲线。经济学家潘纳约托（Panayotou）认为，环境污染和经济发展水平之间也存在着类似的倒U型关系，这就是有名的环境库兹涅茨曲线假说，也被称为EKC假说（Environmental Kuznets Curve）。根据该假说，当经济发展处于较低水平时，环境的恶化程度也较低；随着经济的不断发展，以工业为主导的高耗能产业持续扩张，资源消耗速度超过再生速度，废物排放量迅速增加，环境恶化加剧；当经济发展处于较高水平时，经济结构将转向知识密集型产业，人们的环保意识开始觉醒，加之环境法律法规的实施和环境污染治理等，环境恶化又回到较低水平，生态环境呈现不断改善的趋势。以上发展过程如图4-4所示。

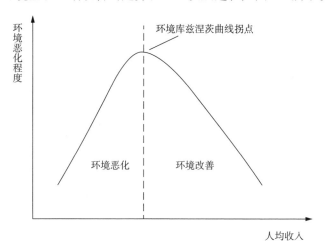

图4-4 环境库兹涅茨曲线图

环境库兹涅茨曲线假说主要包含五个方面的内容：第一，在经济发展的早期阶段，环境质量必然会随着经济发展出现一定程度的退化。在到达污染的拐点之前，这一趋势会保持不变；第二，随着经济加速发展，资源消耗不断增加，环境质量会进一步恶化，资源的稀缺性问题凸显出来，人们开始有意识地增加对环境保护的投资，同时，经济增长促进了社会整体发展，也为改善环境质量提供了经济保障；第三，环境库兹涅茨曲线呈现倒U型，此特征表明经济增长与环境质量之间的关系是一种长期的规律；第四，政府的环境干预政策对改变环境库兹涅茨曲线的形态和趋势具有重要意义；第五，虽然环境库兹涅茨曲线为我们呈现了经济增长和生态环境之间的关系，但这并不能保证一国的环境质量在某一时期一定会得到改善，这还涉及环境的承载力的问题，若环境恶化程度超过环境的承载能力，那么环境恶化就会不可逆，即使经济发展水平非常高，环境质量也不会自动改善。由此可见，在发展的早期阶段，政府对环境需求的反应很小，只有当经济发展到一定程度，政府才会积极响应环境需求，出台一系列环保政策、加大对环保方面的投入等（高飞，2014）。

4.3.3 STIRPAT模型

1. 模型演变

典型的 $I=PAT$ 等式是指环境的影响（Impact）与人口（Population）、人类富裕程度（Affluence）以及技术（Technology）之间的关系等式，被 Hardin 称为人类生态学第三定律（Schulze，2002）。该等式起源于 EhriLich 和 Holdren 提出的等式 $I=PF$，其中 F 指人类影响函数，二人运用该等式剖析人类活动对某一国家或地域的影响（EhriLich and Holdren，1971）。但是，$I=PAT$ 等式是以线性分析为基础的，是在假设没有误差存在的情况下提出的，故而限制了其应用范围。之后的学者们继续探索，以 $I=PAT$ 等式为基础，不断优化模型，并使其得到更加广泛的运用。

Waggoner 和 Ausubel 根据 $I=PAT$ 等式的原理，把技术参数（T）分解为两个影响因素——单位 GDP 消费和单位消费，分别用 C 和 T 来表示，将原有的 PAT 重新表达为 PACT，环境影响使用 Im 来表示，故得出 $Im=PACT$ 的新等式（Waggoner and Ausubel，2002）。事实证明，$Im=PACT$ 等式更能表示人类对作用于环境的各种因子组合的杠杆调节作用，能更清楚地表明经济系统消费总和与生产过程对环境的影响程度（王小亭和高吉喜，2009）。

然而，无论 IPAT 还是 ImPACT，都只提供了一个单调的线性比例变化的关系，在人类与环境的交互中，还有许多非单调的和非线性比例变动的影响因素。例如，环境库兹涅茨曲线关于人类对环境影响的假设就是一个非线性比例和非单调的影响因素。为了解决 IPAT 等式的这一局限，Dietz 和 Rosa 将 IPAT 等式修改为一个随机模型，以测量人口、富有程度和技术条件改动对环境带来的影响，并以首字母缩写为模型命名为STIRPAT式（4-1）（Dietz and Rosa，1994）。

$$I_i=aP_i^bA_i^cT_i^dei \qquad (4-1)$$

上式中，I、P、A和T分别代表生态环境影响、人口数量、富裕程度和技术，a是模型的参数，b、c、d分别为P、A、T三者对应的指数，e为随机误差项，下标i表示第i个测量对象。因为当前学界还未建立统一的技术测量指标，所以在实证分析中都将T归为残差项，不再进行单独估计。

STIRPAT模型是一个多元的非线性模型，为了便于分析人为因素对生态环境产生的影响，并能较好地处理模型的异方差性，可将式（4-1）转换成对数形[式（4-2）]。

$$\ln I=\ln a+b\ln（P）+c\ln（A）+\ln e \qquad (4-2)$$

式中，$\ln a$和$\ln e$为式（4-1）中a和e的自然对数。驱动力的系数b和c代表在其他影响因素保持不变时，P或A分别变化1%时所引起的生态环境变化的百分比（类似于经济学中的弹性概念）。当系数b或c等于1时，表示生态环境与驱动力影响因素P或A之间是同比例的单调变化关系；当系数大于1时，表示驱动力影响因素引起环境改变的速率超过了驱动力的变化速率；当系数介于0和1之间时，表示驱动力影响因素引起环境改变的速率低于驱动力的变化速率；而当系数小于0时，则表示驱动力影响因素具有减慢环境影响的作用。

为验证环境库兹涅茨曲线有关经济增长与生态环境之间是否存在倒U型的关系，可以在式（4-2）中对富裕程度的对数形式取二次项，得到：

$$\ln I=\ln a+b\ln（P）+c\ln（A）+d\ln^2(A)+\ln e \qquad (4-3)$$

在实证分析中，上式可进一步简化为$\ln EN_i=a+b\ln CS_i+c\ln^2 CS_i+e_i$的形式，其中，$\ln EN_i$为环境影响的对数，$\ln CS_i$为居民消费水平的对数，如果$b>0$，$c<0$，则可证实环境库茨涅兹曲线的存在。

2. 模型应用

环境库兹涅茨曲线通常用于验证经济发展和环境污染程度之间的关系，通过扩展可将其应用于居民消费水平和环境压力之间关系的考察。基于以上讨论的环境库兹涅茨曲线和STIRPAT模型，下文选取了我国2006～2016年的统计数据进行实证研究，定量分析我国居民消费水平对资源环境的影响。

（1）研究步骤

1）资源环境影响指标选取。本书使用全国居民人均消费支出来表征居民消费水平；用一般工业固体废物产生量、工业废水排放总量、SO_2排放量和能源消耗总量四个指标作为反映生态环境压力的指标。选择这四个污染指标的主要原因是：第一，工业固体废物产生量、工业废水排放量、SO_2排放量能够表现出我国环境质量的好坏，而资源消耗总量可以清晰地表现出各类生产活动对资源的消耗，它们都被广泛地应用于表示资源环境影响程度的场景，将这四个指标综合成一个资源环境影响指数比较有代表性和说服力；第二，这些指标具有长期价值，且已均被收录入《中国统计年鉴》，数据搜集整理方便，便于后续统计分析。第三，这些指标的变化与工业化进程中的经济生产活动息息相关，它们之中任何一个指标的增加都表示着经济增长对资源环境产生了更大的影响。

2）资源环境影响综合指数的计算。代表资源消耗和环境污染水平的指标包括工业废水排放量、SO_2排放量、固体废弃物和能源消耗总量四个指标，但是这四个指标的度量单位不相同，因此需要首先对其进行标准化处理，以消除量纲的影响。本书采用的是离差标准化方法，对原始数据进行线性变换，使指标结果分布在[0, 1]区间内，离差标准化的转化函数如公式（4-4）所示：

$$x = \frac{x - \min}{\max - \min} \tag{4-4}$$

式中，max为样本数据的最大值，min为样本数据的最小值，由此可以得到废水、废气、能源消耗总量和固体废弃物四种污染指标被标准化后的数据，并计算出各个指标的均值与标准差，计算公式如公式（4-5）所示：

$$E_i = \frac{1}{n}\sum_{i=1}^{n} E_{it}$$

$$\sigma_i = \sqrt{\frac{1}{n-1}\sum_{i=1}^{n}(E_{it} - E_i)^2} \tag{4-5}$$

式中，$i=1$，2，3，4，分别代表我国能源消耗总量、工业废水排放量、SO_2排放量和固体废弃物产生量四种资源环境污染指标；E_{it}代表第i组样本数据在第t年标准化后的数值，t=2006，2007，…，2016；E_i代表第i组样本标准化后的平均值；σ_i代表第i组样本标准化后的标准差，n为研究周期（通常以年为单位）。

标准化处理之后，为使分析简化以及更具代表性，需进一步将以上四个指标综合成一个反映我国生态环境压力整体状况的综合指标。为此，需要衡量四个指标的权重。本书选用变异系数作为评价指标的权重数，变异系数 w_i 的计算方法如公式（4-6）所示：

$$U_i = \sigma_i / E_i$$
$$w_i = \frac{U_i}{\sum\limits_{i=1}^{4} U_i} \tag{4-6}$$

3）单位根检验。单位根检验，即 ADF 检验（Augmented Dickey-Fuller test，简称 ADF），是检验序列中是否存在单位根，若存在就是非平稳的时间序列，回归分析中就会出现伪回归（张国兴等，2018）。在经济现象的时间序列分析中，用于分析的时间序列数据一般都要求是平稳的，即没有确定性趋势或者随机趋势，不然分析结果会出现"伪回归"问题。只有当所使用的时间序列都是平稳的时候，才可以用计量经济回归的方法对模型进行估计和统计。否则，无法衡量模型的准确性和可靠性，也就不能采用计量回归方法。

（2）数据统计分析

实证部分选取我国各类废弃物排放、能源消耗和人均消费支出数据进行验证，研究周期为2006～2016年，所有数据均由《中国统计年鉴》《全国环境统计公报》各年的数据整理和计算得出，具体见表4-8。

表4-8 我国2006～2016年各指标具体数据

年份	一般工业固体废物产生量 /亿吨	废水排放总量 /万吨	SO₂ 排放量 /万吨	能源消耗总量煤 /万吨	全国居民人均消费支出 /元
2006	15.2	2401946	2234.8	286467	6095.2
2007	17.6	5568000	2468.1	311442	6141.2
2008	19.0	5717000	2321.2	320611	7223.5
2009	20.4	5897000	2214.4	336126	7991.8
2010	24.1	6173000	2185.1	360648	8921.9
2011	32.3	6591922	2217.91	387043	10317.3
2012	32.9	6847612	2117.63	402138	11567.7

年份	一般工业固体废物产生量/亿吨	废水排放总量/万吨	SO₂排放量/万吨	能源消耗总量煤/万吨	全国居民人均消费支出/元
2013	32.8	6954433	2043.92	416913	13220.4
2014	32.6	7161751	1974.42	425806	14491.4
2015	32.7	7353227	1859.12	430000	15712.4
2016	30.9	7110954	1102.86	436000	17110.7

表4-8中所有指标与变量的对应关系如表4-9所示：

表4-9 变量定义表

变量名称	变量含义
EN	资源环境影响综合指数
$lnEN$	资源环境影响综合指数的对数
CS	全国居民人均消费支出
$lnCS$	全国居民人均消费支出的对数
EN_1	废水排放量
EN_2	废气排放量（SO_2）
EN_3	固体废弃物
EN_4	能源消耗总量

由上述资源环境影响综合指数的计算方法可以得出废水排放量、废气排放量（SO_2）、固体废弃物和能源消耗总量四个指标的权重数，依次为0.186、0.187、0.321和0.306，所以我国资源环境影响综合指数可写成（4-7）的形式：

$$EN_t=0.186EN_{1t}+0.187EN_{2t}+0.321EN_{3t}+0.306EN_{4t}, \quad (t=2006,2007,\cdots,2016) \quad (4-7)$$

考虑到居民人均消费支出数据和资源环境影响综合指标都是时间序列，因此需要将我国居民人均消费支出和资源环境影响综合指数进行单位根检验，以此来确定时间序列能否满足平稳性条件。单位根检验的结果见表4-10，其中D代表一阶差分算子。

表4-10 ADF单位根检验结果

变量	单位根检验统计量	临界值/5%	P-value	结论
lnCS	−0.040	−3.000	0.9551	不平稳
DlnCS	−6.104	−3.000	0.0000	平稳
lnEN	−5.156	−3.000	0.0000	平稳
DlnEN	−5.221	−3.000	0.0000	平稳

由表4-10可以看出，我国居民人均消费支出和资源环境影响综合指数均满足一阶平稳条件。

运用计量软件stata.14对数据进行回归分析，所得结果如表4-11所示。

表4-11 回归分析结果

回归系数	估计值	标准误	t统计量	p值
截距	−186.3043	59.2922	−3.142	0.0138*
$\ln EXP$	39.16978	12.88115	3.041	0.0160*
$\ln^2 EXP$	−2.059954	0.6987	−2.948	0.0185*
* 表示$p<5\%$				
残差均方的平方根（Root MSE）= 0.22849				
判定系数R^2: 0.8536，调整后的R^2: 0.8169				
$F-$统计值：23.31，p值：0.00046				
Source	平方和	自由度	回归和残差的均方	
回归	2.43408093	2	1.21704047	
残差	0.417644585	8	0.052205573	
总	2.85172552	10	0.285172552	

由分析结果可知，居民消费水平会对资源环境造成影响。F检验的概率为0.00046，远远小于5%，总体回归方程是较为显著的，两者之间有很强的线性关系。修正的判定系数为0.8169，比较接近1，说明了模型拟合度很好，自变量对因变量变异的解释能力较强，仅居民消费水平一个变量就能解释生态环境压力变异的大约82%。同时，T检验的概率值也均小于5%，通过了回归系数的

显著性检验，表明了居民消费水平对资源环境的影响显著。综合上文对数据的检验可以得出，居民消费水平和生态环境压力之间确实存在着一个长期稳定的均衡关系。基于分析结果，可将样本预测的回归方程写为公式（4-8）的形式：

$$\ln EN = -186.30 + 39.17\ln CS - 2.06\ln^2 CS \qquad (4-8)$$

由公式（4-8）可知，$\ln CS$ 的系数大于0，$\ln^2 CS$ 的系数小于0，说明环境质量与经济增长之间是先恶化而后好转的倒U形关系，即环境库兹涅茨曲线存在，环境质量的恶化有一个转折点，这个转折点是环境污染的最高点或极值点，在对数据进行验证时，发现我国环境质量与经济发展水平的关系已经开始处于倒U型曲线的后半部分，如图4-5所示，可以预测在未来一段时间内，我国环境质量将会随着经济发展水平的提高而好转。

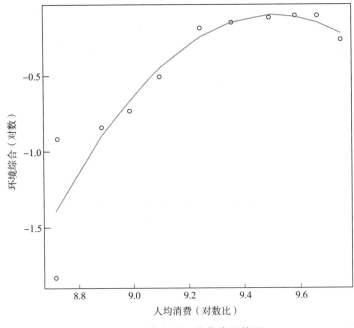

图4-5 环境库兹涅茨曲线形状图

3.结论和建议

以上利用我国2006～2016年的统计数据，定量测算了居民消费水平和生态环境压力之间的关系，验证了二者之间的相关性，由计算结果可以得出以下结论：

首先，我国当前的生态环境质量不容乐观。尽管经济在飞速发展，居民消费水平在不断提升，但伴随产生的各类废弃物也在逐年增加，能源消耗量巨大，造成了极大的生态环境压力。

其次，我国的状况符合环境库兹涅茨曲线假说，并且已经处于倒 U 型曲线的后半段。这也意味着，政府可以利用刺激消费的手段来降低生态环境压力，提高环境质量。

基于环境库兹涅茨曲线理论，减少环境压力、改善生态环境，可以从刺激消费入手。然而，目前对资源环境和消费关系的认识还不够全面，有待进一步深化。一是长期以来，人口的快速增长被认为是造成生态环境压力的主要因素，而忽视了近期消费水平的大幅增长对资源环境的强大影响。其次，随着我国经济的发展，居民收入差距日益扩大，贫富差距致使消费水平差异明显，高消费人群和高消费地区占用和消耗了更多资源，造成更大的生态环境压力，这在一定程度上牺牲了低消费人群享有更好环境的权利。最后，当人们把注意力集中在如何刺激消费时，很少有人担心消费水平和消费规模扩大给中国带来的资源环境和生态压力。因此，结合我国当前的实际状况，可以从"开源"和"节流"两个角度展开措施应对日益增大的环境压力。

（1）加快工业产业升级

一直以来，粗放型的工业生产模式导致了严重的环境污染和资源浪费。作为工业大国，我们不能重蹈西方国家"先污染后治理"的覆辙，必须走出一条低污染、高效率、高增长和高技术的工业化道路。为此，政府有必要推进节能减排的生产模式，加快以重工业为主导的产业结构向第三产业转变，以减少居民消费带来的能源消耗，使经济和生态环境协调发展。同时，要提升全社会的环境保护意识，加大对环境保护和环保举措投资的力度，指导企业转变生产方式，采用更加环保的技术，在产业扩张的同时充分考虑环境保护的承载能力，从源头上减少污染，节约资源。

（2）完善共享经济市场机制

低碳经济和循环经济的发展已在很大程度上平衡了环境与发展之间的矛盾，近年来蓬勃发展的共享经济也为可持续发展注入了新的能量。共享经济一般是指拥有闲置资源的机构或个人，将资源使用权有偿让渡给他人以获取回报的一种新型经济模式，其实质是将离散的闲置物品、劳动力和各种资源通过分享创造价值。近年来，共享经济在我国得到了猛速发展，覆盖了旅游、生活服

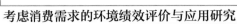

务、出行等许多领域，也极大地影响了传统的商业模式。政府应不断完善共享经济市场机制，推动共享经济健全长久发展，不仅能刺激居民消费，还能促进闲散资源的利用，提高资源循环有利于社会的可持续发展。

（3）倡导绿色消费观念

绿色消费也叫可持续消费，是国际上普遍认可的一种消费观念。绿色消费有两个含义，一是消费无污染、对健康有益的产品；二是消费行为能够保护生态环境、节约资源（徐大佑、韩德昌，2007）。可见，绿色消费是消费者从有助于健康和生态环境保护等角度出发，对绿色产品进行选购、利用以及对残余物进行优化处置的各种消费行为和消费方式，不仅仅考虑消费者自身的短期利益，更加注重人类社会的长远发展。倡导绿色消费，减少使用对环境构成污染和高耗资源的产品，可以促进居民的生态需求得到更好地满足，完成经济和社会可持续发展的战略目标。

（4）完善环境法律体系

20世纪80年代，我国就把环境保护设立为一项基本国策。1984年，国家建立了环境保护委员会。1989年，《中华人民共和国环境保护法》正式颁布。1992年联合国环境与发展大会之后，中国是率先制定和实施了可持续发展战略的国家之一。迄今为止，国家颁布了多部环境保护法令、自然资源管理法令和环境保护律例，环境保护部门出台了多项全国性环境保护规章和多个地方性环境保护律例，环境法律体系日趋完善。政府必须继续加强环保法治建设，利用法律手段，为生态文明的建设提供制度保障。

第 5 章

反弹效应

经过多年的倡导，绿色消费理念在一些发达国家和地区已经深入人心，并在世界范围内迅速发展和普及。但存在一个很奇怪的现象是，消费者对绿色产品的态度和购买行为的大相径庭。将消费者对绿色产品的认可与其不购买的行为似乎成为一种社会困境（Gupta and Ogden，2009），Young 等则将之称为"态度—行为缺口"或"价值—活动缺口"，这种缺口带来的结果是，虽然技术改进了、生产效率提高了，但整个社会对资源的使用反而增加了（Young 等，2010）。国内学者，如杨庆山和李静、王建明、孙岩和武春友等人也对"态度—行为缺口"问题进行过研究。这一社会困境或缺口的提出给了研究者们一个警示，以往对消费行为的解释性分析以及影响消费行为的多因素探讨似乎过于片面，因而需要就消费和生产的相互制约关系进一步深入探讨。

根据环境控制方程模拟了经济发展、技术进步和环境影响的相对趋势，Huesemann 得出"在经济以稳定速度扩张的情况下，即使生态效率有所提高，最终的环境影响仍然会增加"的结论（Huesemann，2003），这与"技术改进能降低生产对环境的破坏"的观点相悖。随后，Vehmas 等将能源经济学中的"反弹效应"概念引入环境问题的研究，结果显示环境效率改善获得的一部分收益被人口增长和消费水平的提高所抵消，从而导致了生态环境的持续恶化，进一步印证了 Huesemann 的结论（Vehmas 等，2004）。我国学者吴文恒也得出现阶段消费水平是影响环境的主导因素的结论。由此，对反弹效应的研究进一步将环境绩效评估问题扩展到了消费阶段。但是，现有对反弹效应的研究只考虑了能源或者资源的某一单一要素，甚至忽略了废弃物这一对生态环境施加压力的重要因素，其研究体系是不完整的。并且，研究者们在反弹效应的分解方法上各持己见，没有一个统一的标准，这也限制了对此问题的进一步拓展。

另外，Rees 提出的生态足迹方法能够进行生态需求和供给两个方面的分析，是一种研究可持续发展状况的方法。但是，它仅仅给出了测量的手段，却没有明确规定生态赤字的合理范围以及改进的方法，对研究环境绩效评估的作用有限。

总结来看：现有研究较少涉及消费因素，尽管反弹效应考虑了消费对能源效率的抵消作用，却没有进一步对生产优化提出建议；同样，尽管生态足迹用量化的方法研究了消费与生态环境的关系，但其仅仅是一个可持续性判断，并不能对指导生产起到作用；若单纯地研究人口消费行为、消费模式、消费制度等，则又有可能走向定性分析的路线；忽略消费因素的环境绩效评价还存在一个显著的问题，没有人因为消费太多而承担责任，人人无责任等同于环境压力均等化，这对排放限额的分配、污染税的征收无疑是不利的。为使效率评价体系更加完整，评价结果更加客观，本章需首先对反弹效应做一个全面的解释。

5.1　反弹效应研究现状

采用CNKI进行中文文献检索，采用Web of Science进行英文文献检索，主题词分别选择"反弹效应 OR能源反弹效应"以及"Energy Rebound effect"，检索时间限定至2019年，可分别得到183和2486篇文献。中文文献中对反弹效应的研究主要集中在宏观经济管理与可持续发展、工业经济、经济体制改革、环境科学与资源利用、动力工程等学科，分别为60篇、48篇、39篇、34篇、25篇文献。英文文献主要集中在环境科学、神经科学、能源燃料、经济学等领域，研究语言包括英语、德语、法语、西班牙语等。

5.1.1　时间分布分析

从时间分布来分析，国内关于反弹效应主题研究的文献出现较晚，到1986年才开始有正式发表的文献，自2005~2019年经历了4次波峰。其中，2017年为该主题研究的文献发表高产年，共计21篇，2018年又骤降到11篇（图5-1）。

图5-1　截至2019年国内关于反弹效应的文献发表数量

国外关于反弹效应的研究自1967年开始，前期发展较为平缓，产量较低，1994年发文量首次突破个位数，自2004年开始呈现爆发式增长，发文量逐年攀升，2019年共达到287篇（图5-2）。

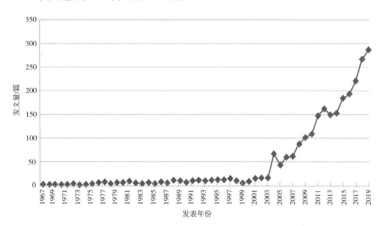

图5-2　截至2019年国外关于能源反弹效应的文献发表数量

5.1.2　文献分布分析

除反弹效应这一中心议题之外，中文文献中关于反弹效应的研究还涉及技术进步、能源效率和经济增长等方面。研究内容涉及基础研究和应用研究，其中以黄纯灿、罗明等学者产量最高，主要机构来源于厦门大学、清华大学等，研究基金主要来源于国家自然科学基金、国家社会科学基金等，具体情况如表5-1所示。

表5-1　国内文献分布情况表

主题	篇数	研究层次	篇数	作者	篇数	机构	篇数	基金来源	篇数
反弹效应	47	政策研究	242	黄纯灿	4	厦门大学	10	国家自然科学基金	34
技术进步	12	行业研究	12	罗明	4	清华大学	6	国家社会科学基金	19
能源效率	11	应用研究	7	王磊	4	山东大学	6	高等学校博士学科点专项科研基金	2
经济增长	9	技术研究	4	范如国	3	大连理工大学	6	上海市科技发展基金	2
实证研究	8	工程研究	2	国涓	3	天津理工大学	6	国家软科学研究计划	2

通过文献梳理发现，我国能源反弹效应的研究主要从以下三个角度出发。

一是工业角度：国涓等人采用MES模型，结合能源价格非对称影响性，测算了中国工业部门的能源反弹效应，其结果为39.48%，说明能源使用整体表现较为节约（国涓等，2010）。徐滢采用1992～2008年我国各省市的工业能源数据进行反弹效应测算，并分析了反弹效应对中国工业部门资本、劳动和能源之间的替代弹性的影响，最后也指出了适当的资本投资方向，避免能源消费不合理增长（徐滢，2011）。

二是行业角度：王兆华和卢密林利用我国的电力行业数据，测算得出电力行业能源消费也存在着反弹效应，且反弹程度高达47%，说明我国电力行业存在巨大的能源效率改善空间（王兆华、卢密林，2014）。郑清英以我国造纸及纸制品行业为研究对象，采用计量分析方法，测算分析其能源反弹效应的大小（郑清英，2017）。李一探讨了纺织产业经济增长中水资源利用存在的反弹效应，并提出了水资源、水环境、水资源环境反弹理论假说，为该行业节水减排提供有效的依据（李一，2018）。

三是从区域的角度：刘源远和刘凤朝对我国东、中、西部三个地区的反弹效应进行了测算，结果发现区域经济总量和技术进步的大小均会对能源反弹效应产生影响（刘源远、刘凤朝，2008）。

国外反弹效应研究作者主要集中在美国、英国、德国等国家，其中以美国最多（图5-3）。美国作为全球第一大经济体和科研强国，能源消费数量巨大。据《BP世界能源统计年鉴2018》数据显示，全球能源消费增长迅速，美国的

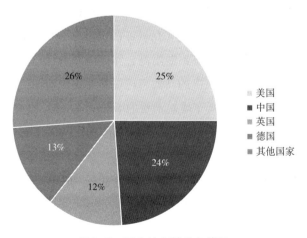

图5-3　国内外文献分布情况

能源需求总量和增速均位列世界前列，2018年的能源需求增长更是创下三十年来的新高，其学者更加关注能源反弹效应的研究也就不足为奇了。

从文献内容看，包括综述类的研究、对具体对象反弹效应测算的研究以及宏观层面的研究等。如Greening、Sorrell、Herring等学者，分别以反弹效应、家庭能源服务为研究对象，搜集并测算了美国、OECD国家等的数据（Greening，2000；Sorrell，2009；Herring，2012），平均引用次数超过300频次。Berkhout、Binswanger等人的研究基于新古典经济理论，考察了单一商品、多种商品的价格弹性、技术创新等因素对反弹效应的影响（Berkhout，2000；Binswanger，2001），平均引用频次达到200次。一些学者采用了E3MG、LCA、CDEM、CGE等模型，从宏观经济层面，探讨世界能源、经济能源等方面的反弹效应问题，用模型进行反弹效应测算，并得出相关结论（Barker，2007；Turner，2009；Chitnis等，2014）。综合来看，影响各个国家学者研究"反弹效应"的因素包括所在国家的能源消费情况、政府以及科研主体对相关主题的重视程度、数据获取的便利性等。

5.2 反弹效应概念

"反弹效应"是指技术的进步可以提高能源利用率，然而并不一定能够减少能源的消耗量，相反地可能会在价格、替代、收入效应的刺激下增加对于能源的需求，从而增加能源的消耗量，出现"反弹"。

最早发现能源反弹效应理论的是英国经济学家杰文斯（William Stanley Jevons），因此也被称为杰文斯悖论（Jevons Paradox）。在19世纪，随着技术的不断进步，英国的能源使用效率不断增高，然而能源消耗却只增不减。杰文斯在煤炭消费问题上发现，蒸汽机的高效率可以降低煤炭消耗，进而使得煤炭价格降低，低价格又反过来刺激了煤炭消费的增长（Jevons，1866）。此现象被提出后，一开始并没有引起人们的重视，后来由于西方爆发了石油危机，才被越来越多的人所关注和研究。

学者Khazzoom从微观的角度解释了这个现象，他用简短的语言总结了杰文斯悖论的核心，即能源利用效率的提高可能会增加能源消费量（Khazzoom，1980）。另一名学者Brookes则将问题引申到宏观层面，并将杰文斯悖论总结为能源"反弹效应"（Brookes，1990）。Khazzoom 和 Brookes 的研究成果被称为"Khazzoom 和 Brookes 假说"（简称 K–B 假说），也就是我们现在所说的"反弹效应"。在 K–B 假说之后，诸多学者不断丰富能源反弹效应的理论内涵，Berkhout 认为技术的进步能够提高能源使用效率，进而降低能源商品以及能源服务的成本，促使能源需求提高，从而消耗更多的能源（Berkhout，2000）。Barker 等人认为反弹效应是由于能源效率的提高降低了能源服务的有效价格，进而使得能源服务需求增加，最终部分或者全部抵消了能源效率提升所带来的能源消费的减少（Barker 等，2007）。

5.3　反弹效应分类

关于反弹效应的分类，不同的学者从不同的角度进行了划分。按照 Greening 等人的观点，可以从反弹效应的作用机制角度，将反弹效应划分为以下三大类（Greening 等，2000）。

1. 直接反弹效应

直接反弹效应指对于一种特定的能源服务来说，改进能源利用效率会使得这种能源服务的价格下降，进而导致该能源的消费量增加。直接反弹效应会抵消因能源效率改进而减少的能源消费量。例如，随着发电技术的不断提高，电费越来越便宜，使得发电成本越来越低，但是最终耗电量越来越大。

2. 非直接反弹效应

某种特定的能源服务的价格下降会导致其他商品的需求发生变化，而这些商品仍然需要能源去生产和提供服务，因此产生了更多的能源消费，这部分属于非直接效应。

3. 整个经济体的反弹效应

能源效率的改进会使得对应能源服务的中间产物和最终产物价格降低，这种降低在一定程度上会对整个经济体产生影响，导致一系列商品价格和数量的调整，从而可能在经济中产生一个包括商品、服务和能源在内的新的消费均衡。

相较于 Greening 等人的观点，Herring 的划分更为细致，他将把反弹效应分为直接效应、收入相关效应、生产替代效应、要素替代效应以及转换效应五个部分（Herring，2012）。Sorrell 则将不属于直接反弹的能耗反弹均视为间接反弹，并归纳了隐含能源效应、再支出效应、产出效应、能源市场效应、复合效应等五种不同的作用机制（Sorrell，2009）。

假设以资本、劳动、能源使用效率、能源作为投入，分别以 K、L、τ_f 和 F 来表示，则产出可表示为 $Y=(K,L,\tau_f,F)$，定义一个能源与能源使用效率之间弹性的指标 $\eta_{\tau f}^{F}$，用以表示能源节约量，可以表示成公式（5-1）的形式：

$$\eta_{\tau f}^{F} = \frac{d \ln F}{d \ln \tau_f} \tag{5-1}$$

通过此弹性指标的取值可以判断能源效率与能源消耗之间的关系，其值为正说明二者成正比例变化，其值为负说明二者成反比例变化。进一步，可用 $R=1+\eta_{\tau f}^{F}$ 来表示反弹效应的大小（Saunders，2000），根据 R 的取值范围，可将反弹效应划分为以下五种情况。

1.零反弹效应

此时 $\eta_{\tau f}^{F}=-1$，R 等于 0，能源效率提升的作用充分显现出来，不存在任何的反弹。

2.部分反弹效应

此时 $\eta_{\tau f}^{F}$ 的取值介于 -1 和 0 之间，相应地 R 处于 0 和 1 之间，能源效率的提升能够起到减少能源消耗的作用，但仍有一部分被新增加的能源需求所抵消。

3.完全反弹效应

此时 $\eta_{\tau f}^{F}=0$，$R=1$，能源效率提高所节约的能源消耗量被完全抵消，技术进步的效果完全无法显现。

4.回火效应

此时 $\eta_{\tau f}^{F}$ 的取值介于 0 和 1 之间，$R>1$，这意味着技术进步不仅没有如预期中的减少能源消费，反而使得能源消费量增加，能源效率提升起到了相反的效果。

5.超节约效应

此时 $\eta_{\tau f}^{F}<-1$，$R<0$，技术进步带来的能源效率提升不仅可以达到节约能源的作用，而且其实际效果甚至超过了预期的节约数量，这是一种最理想的状况。

5.4　反弹效应测算

1.古典增长理论模型

Saunders 是以古典增长理论模型测算能源反弹效应的代表，他将实验条件限定为能源效率持续以每年 1.2% 的速度增长，并用柯布—道格拉斯生产函数和内嵌 CES 生产函数测算了能源消费的情况（Saunders，1992）。在这种经济环境下，因能源消费的增长率和产出增长率密切相关，最终能源效率的提高并没有带来能源消耗的降低，不管如何假设参数，柯布—道格拉斯形式的生产函数都可能产生反弹效应，这一结论也得到其他学者的验证。

但 Saunders 的研究假设遭到了 Howarth 的质疑，认为不应该将能源作为原始投入，真正进入到生产过程中的是能源服务这一要素，因而需要对理论模型进行改进（Howarth，1997）。与 Saunder 一样，Howarth 也使用柯布—道格拉斯生产函数进行反弹效应测算，并最终证明提高能源效率可以降低能源的消耗，但仅限于提高能源服务的其他成本为 0 的情况。

2.一般均衡模型

一般均衡模型即 Computable General Equilibrium（简称 CGE），是大多数学者在测算反弹效应时采用的模型。CGE 模型填补了经济增长理论的缺陷，能够呈现出能源效率如何在经济体内扩散并作用的完整过程，是从宏观角度解释反弹效应的一个模型。最早研究 CGE 的学者是 Semboja，他利用该模型对肯尼亚的能源反弹效应进行了测算，结果显示其生产和消费的反弹效应都超过了百分之百（Semboja，1994）。之后，大量学者利用 CGE 模型对不同国家、不同地区进行了反弹效应测算，一些典型的研究及其研究结果见表 5-2。

表 5-2　基于 CGE 模型的研究及结果

学者	国家或地区	领域	能源效率提高	反弹效应结果
Dufournaud 等人（1994）	苏丹	家庭木材炉灶	100% ~ 200%	47% ~ 77%
Vikström（2004）	瑞典	各个生产部门	12%	60%
Allan 等人（2007）	英国	所有部门	5%	短期 50% 长期 30%
Hanley 等人（2008）	苏格兰	所有部门	5%	122%

国内学者刘宇等人采用中科院科技政策与管理科学研究所和维多利亚大学联合研发的中国静态CGE模型研究反弹效应，该模型将中国多部门生产看成一个多层嵌套模式（刘宇等，2016），如图5-4所示。

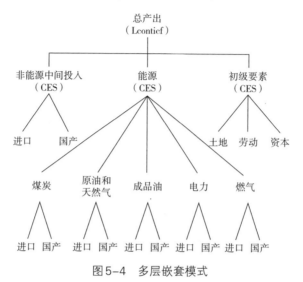

图5-4 多层嵌套模式

在具体计算时，借鉴了Koesler等人对反弹效应的计算方法，将行业的反弹效应表示为公式（5-2）：

$$R_i = \left(1 + \frac{E_i^*}{\gamma}\right) \times 100\% \qquad （5-2）$$

3.计量经济学方法

Jorgenson和Wilcoxen运用标准的生产理论，构建了一个包含四要素（包括资本、劳动、能源和原材料）的生产函数来描述生产者行为，并且利用计量方法检验了美国35个行业的反弹效应（Jorgenson and Wilcoxen，1993）。通过一系列的研究，Jorgenson等人得出了"美国大部分行业的技术进步都是能源使用的技术"的结论，美国大部分行业的能源技术提升也增加了能源的使用份额以及能源在产出中的贡献率。

Jongenson等人给出的研究假设是为了检验短期内生产要素价格对全要素生产率的影响，一旦假设条件改变，则结论的稳定性就会受到影响。比如Sue和Eckans的研究就得到了与Jorgenson等人不同的结论（Sue and Eckans，2004）。Gardner和Joutz分析了美国的能源数据，分别考虑了短期调整和长期调整，指出技术变化内含于资本存量中。他人为，其调整在短期内不会对产出造成影响，原因在于短期内价格以及物化技术的变化并不能增加产出和能源的消耗量，只有当价格达到较高的水平时才能抑制对能源的需求，但同时也会阻碍经济增长。而从长期来看，产出的能源价格弹性约为 –7%（Gardner and Joutz，1996）。我国学者也分别构建了生产函数模型，采用计量经济学的方法来研究反弹效应问题（周勇、林源源，2007；王群伟等，2008；刘源远等，2008）。

4. 混合宏观经济模型

随着人们对环境问题的重视程度越来越高，宏观经济模型在政策评估中的作用日益凸显，学者们将宏观经济模型与计量经济学相结合，提出了 E3 模型——"能源—经济—环境"模型，并应用于宏观反弹效应的测量。如采用 MDM—E3 模型对英国的宏观反弹效应进行评估，使用协整方法考察多部门之间随时间变化的动态交互关系，测算出英国 2010 年的反弹效应约为 27%（Barker 等，2007）。基于测算结果，Barker 等人指出促进能源效率提高的宏观政策，一方面能够降低通货膨胀，另一方面可以促进经济增长。

Dimitropoulos 在研究荷兰的能源效率改进对宏观经济的影响时，采用了 NEMO 这一宏观经济模型（Dimitropoulos，2007）。与 MDM—E3 模型类似，这也是一个基于自下而上的信息建立的模型。作者将传统的宏观经济结构和资本存量对价格变化的反应相融合，估算荷兰经济由于能源效率提高而引致的反弹效应，得到的宏观反弹效应在长期也是 27%。

5.5　反弹效应与环境效率

能源消费的反弹效应，指能源效率的提高引起能源服务价格的降低，使得能源需求增加，进而抵消了部分（甚至全部）由效率提高所带来的能源消费量的减少（Khazzom，1980）。Schipper 和 Barflett 通过进一步研究，认为消费者的选择行为能够影响大约全部能源消费的 45%~55%（Schipper and Barflett，1989）。Hanley 等人则通过理论证明，如果能源需求是富有价格弹性的，那么反弹效应就会发生（Hanley 等，2009）。反弹效应的提出，更加确定了消费需求对环境效率的影响。

1971年，Ehrlich和Holdren提出了一个环境影响方程，认为一国或地区对环境的总影响是其人口、富裕度和技术的乘积，揭示了人口、技术、消费水平与环境的互动关系（Ehrlich and Holdren，1971）。2003年，Huesemann在此方程的基础上，模拟了技术进步、经济扩张和环境影响的相对趋势，得出"在社会经济规模持续扩张的前提下，即使环境效率有大幅提高，最终的环境影响仍然会增加"的结论（Huesemann，2003）。随后，Vehmas等人将能源经济学中"反弹效应"的概念引入环境问题的研究，其研究结果显示因环境效率的改善而获得的一部分收益被人口增长和消费水平的提高所抵消，从而导致了生态环境的持续恶化（Vehmas，2004）。Vehmas的研究是对Lenzen和Murray研究的补充，Lenzen和Murray认为生产阶段的效率提升固然是节能减排的有效途径，但其作用往往被高水平的消费所抵消，也即消费需求增加致使环境效率改进无法达到预期水平（Lenzen and Murray，2001）。那么人口数量和消费水平，到底谁对环境造成的影响更严重？为此，我国学者吴文恒提出"单位人"的概念，并从不同发展阶段、不同地域、不同消费结构几个方面展开研究，得出现阶段消费水平是影响环境效率的主导因素。实证研究方面，Holm和Englund在对美国和欧洲六国进行调查后，得出"人均消费水平的不断提高是效率陷阱背后隐藏的重要原因"的结论（Holm and Englund，2009）。以上研究表明，在消费需求增加的情况下，环境效率的各种手段（包括技术进步）都无法完全实现其预期目标，忽略了消费活动运动规律和消费需求能动变化的环境效率甚至可能成为一把双刃剑，显然，这把双刃剑的作用在能源经济学中已经得到证实。

从现有文献来看，反弹效应尽管被引入环境问题的研究，但大多是从人口数量、消费结构、消费水平等方面探究人口和资源环境的关系以及二者的演进趋势，并未真正论及环境效率评价这一议题。类似于能源经济学中的分析，消费者个体对技术进步和经济发展的行为反应（直观反映就是居民消费水平的变化）也必然对环境效率造成一定程度的反弹，即现在的环境效率是存在一定误差的，可以借助反弹效应进行修正。但是，反弹效应只能说明消费需求增加的情况，当消费需求处于与社会经济发展相适应的适度消费水平或者消费水平下降时是不存在反弹效应的。根据效率改善的投影公式，消费水平下降显然会影响到最终的决策变量的优化。因此，反弹效应研究也无法完全解决消费需求变化对环境效率的影响。

第6章

基于消费需求的环境效率建模方法研究

人类意识到破坏环境的危害是从20世纪一系列重大环境污染事件开始的，追求经济发展所付出的环境代价是巨大的，在全球工业化大踏步发展之后，人类必须承担起解决污染问题的责任。

解决环境问题的最初政策手段是"末端治理"，顾名思义，它是对生产末端产生的污染物进行治理的一种模式，也称"先污染后治理"模式，可在一定程度上减缓生产活动对环境的影响，有助于消除污染事故。该模式的推行取得了一些成绩，但是由于其本身的一些弊端（如投资污染处理设备使得企业成本增加，没有考虑资源的合理利用问题等），并不能彻底解决经济增长和环境保护之间的矛盾。为此，世界各国开始不断探索解决环境问题的新的政策和方法，企业也在重新思考自己的战略定位和发展模式，寻求低碳发展、绿色发展之路。

伴随着一系列环境问题的出现，对环境绩效评估的理论和实践研究逐渐形成一个新兴的领域，并迅速成为研究的热点。效率是对使用资源、能源满足产出任务程度的一种度量，可以为政府制定环境政策和企业优化运作模式提供依据。在市场经济中，没有效率的企业就无法生存和发展，"三高一低"（高投入、高能耗、高污染、低收益）企业势必面临被淘汰的风险。环境效率是将资源、环境和经济三者综合起来的一个分析工具，是解决环境问题的有效途径。

党的十八届三中全会之后，人们更加确定了消费在拉动经济增长的"三驾马车"中所占的比重，尤其在当前宏观经济增速放缓的势头下，持续有效地扩大内需已成为各界共识。不仅如此，党的十八届三中全会提出了经济建设、政治建设、文化建设、社会建设、生态文明建设"五位一体"的社会主义制度设计。其中，生态文明建设是涉及生产方式和生活方式根本性变革的战略任务。这也明确说明，生态文明建设不仅仅是依靠经济结构调整或者技术进步就能实现的，更需要关注人们的消费方面，充分认识和正确对待消费所具有的促进经济发展和导致环境压力的双重特性。因此，从消费水平入手探讨消费需求对资源、环境的深刻影响，对于正确判断造成资源、环境压力的根本原因，促进经济健康发展，以及经济和环境和谐共处具有极大的应用价值。从承受资源环境压力的角度来说，基于消费水平的研究对于正确判定污染责任归属问题具有指导价值，对加快我国生态文明制度建设具有重要意义。

通过对消费需求的情景分析，有助于形成对不同消费水平与环境效率之间的交互作用和反馈机理的深刻认识。在此基础上，将消费需求作为一个特殊变量纳入评价体系之中，在综合考虑资源约束、生态容量以及需求水平的情况下，进行环境效率与其影响因素关系的建模。需注意到的是，除期望产出（产品）之外，非期望产出（废水、废气等）也可能受到需求量的限制，比如碳排放限额等，但两类变量的处理方式是有明显区别的。因此，进一步对需求的概念做一个拓展，将其从对期望产出的需求延伸到对非期望产出的需求，进一步丰富环境效率评价的内涵，并进行实证分析是非常有必要的。

6.1　消费需求界定

在《消费经济学》一书中，作者将消费需要定义为"人类为了实现自己的生存、发展和享受而产生的一种获得各种消费资料及服务的内在欲望和意愿"（尹世杰，2007）。可见，消费的本质目的是满足人类的某种欲望。然而，并非所有的需要均能得到满足，在当前的社会经济发展水平下，消费者消费数量的多少又取决于商品价格、消费者收入水平、消费结构、风俗习惯、政策导向等诸多因素的综合作用。各类经济学教材上都可轻松找到对需求的定义"是消费者在一定时期内在各种可能的价格水平下愿意而且能够购买的某商品的数量"（尹世杰，2007）。同消费需要相比，消费需求强调需求的时期性、有效性和自愿性。

在需求的三个特性中，我们来特别分析一下有效性。从字面含义来看，有效需求指的是消费者不仅愿意购买，而且有充足的购买力，能够完成购买行为，形成有效需求。在符合需求的有效性的情况下，需求和欲望是相互匹配的。回顾之前对消费的解析，消费的类型包括必需消费、适度消费和过度消费三种。从个人角度来说，无论哪种消费类型都无可指摘，只要自己愿意且有购买能力即可消费。然而随着人们收入水平的提升，许多消费者购买了一堆物品之后却并不能物尽其用，甚至有相当一部分被闲置，最后又被当作垃圾扔掉。导致这种情况产生的原因显然是过度消费，消费者本身并没有这么多的需要，完全是凭着本能欲望冲动购买，从而导致超出正常需要的超额消费。

作为消费者，人们极容易混淆"需要"和"想要"两个概念。如果是生活必需品，毋庸置疑属于需要的行列，而在面对衣服、饰品、食物等商品时，人们的判断很容易出错，或者高估自己的实际需求，或者出于炫耀、从众的心理而购买过量商品。结合对环境问题的考量，本书不止考察有效需求与环境效率之间的关系，更要进一步探讨超过正常需求之外的过度消费对环境效率的影响，但有关消费心理的研究并不在本书讨论之列。

在第4章利用STIRPAT模型定量分析了消费水平和资源环境压力之间的关系后，本章进一步讨论消费需求和环境绩效的关系，探求消费需求影响环境绩效的相关机理。显然，消费水平的高低会受到消费需求的影响，消费欲望越强烈，消费水平就越高，但需求并非是影响消费水平的唯一因素，其他诸如社会环境、经济形势、可支配收入、消费心理等也会影响消费水平。同样，社会环境、可支配收入、消费心理这些因素也会影响到消费需求。现实中，以上这些变量之间相互影响，发生交叉作用。

在微观经济学中，消费需求研究的是消费者在某一特定时期内对某一特定商品的需求量，可用公式（6-1）所示函数关系表示：

$$Q^d = f(P, I, P', \cdots\cdots)\tag{6-1}$$

其中，P、I、P'等分别表示商品价格、消费者收入水平、相关商品价格等影响需求的因素。然而，从更宏观的视角来看，消费行为对环境产生的影响并非某一特定商品导致的，而是所有消费行为的总和，物质平衡模型中由家庭流向自然界的消费残留物也是由整个家庭部门流出的。故此，单独研究某一商品需求对环境的压力、对环境绩效评价的影响是不够全面的，需要综合考虑所有消费需求，这又涉及到不同类型消费品的整合问题，而每个人的消费需求函数也不尽相同，统计起来相当困难。为简化分析过程，本书用消费水平替代消费需求，以家庭消费支出反映消费需求的大小。

6.2 环境效率建模

环境效率评价始于国际社会对环境和可持续发展问题的关注，其基本思想是将环境因素纳入生产效率的研究之中，或者说是将生产效率分析方法应用于环境问题的研究（王群伟等，2009）。在已有的相关研究中，有企业微观层面、产业层面、城市或省际层面，也有地区或国家层面的环境效率评价（Zhou等，2013；Song等，2013）。各国政府在进行环境治理的同时，对企业这一主要污染源尤为关注，限制其污染物的排放，并鼓励他们采取积极的措施应对环境问题，从而触发了学界和企业自身对环境效率评价的广泛研究，并有企业尝试将环境效率与公司战略相融合（如日本的丰田和东芝）。将评价对象的经济目标和环境影响进行综合评判的考察即为环境效率评价。对企业来说，其环境效率评价的基本原理可用公式（6-2）表示：

$$环境效率 = \frac{单位产品价值}{单位产品的环境影响} \tag{6-2}$$

其中，单位产品的环境影响包括提供产品（或服务）所需要的原材料、消耗的能源以及排放的废水、废气等污染物。分析此公式，企业环境效率的高低与产出数量、原材料和能源消耗量、污染物排放量密切相关，也可以说，企业环境效率是由资源利用强度、能源强度、污染物排放强度共同决定的。概括来讲，环境效率以单位环境负荷的经济价值为度量指标，在此原理指导下，企业的目标即是用最少的资源消耗和环境代价实现经济增长。

6.2.1　消费需求约束对生产系统决策目标的影响机理

环境效率评价中生产系统的决策目标多种多样，如资源投入最少、期望产出最大、废弃物排放最少、能源投入和废弃物排放最少、能源投入最少和期望产出最大、期望产出最大而废弃物排放尽可能少等，且大部分情况下属于多目标决策。根据如上所述的环境效率评价基本原理，进行的环境效率评价的生产系统的决策目标，就是以最少的资源和环境代价实现经济发展。

还应注意到的是，评价主体对不同目标的偏好差异必然会导致最终的效率差异，而消费需求约束的引入使该问题变得更加复杂。但无论如何，确定决策目标是进行效率评价的第一步，正确认识和理解消费需求约束对生产系统决策目标的影响机理，是分析基于消费需求的环境效率评价的前提，也为构建绩效指数提供了参考，是后续建立评价模型的关键点。

在追求经济利益最大化的假设下，企业的生产行为在本质上是由其生产策略带来的利润所决定的。随着经济的快速发展和数字革命的到来，人们的消费方式发生重大改变，消费者在市场中拥有更多的选择权和控制权。从生产和消费关系的演变过程来看，二者的关系从最初的"生产控制消费"发展到"生产引导消费"，再到目前的"消费制约生产"，消费的地位由被动逐渐转化为主动，其对于生产的引导和约束作用逐渐显现出来（谭顺，2013）。无论是消费者的需求数量发生变化，还是需求结构发生变化，必然要求生产规模和生产结构随之进行调整。早在1985年，Zaichkowsky就提出了将生产和消费绑定在一起的构想，她认为当消费行为和产品形成某种稳定的关系时，可以认为消费已经介入生产（Zaichkowsky，1985）。如图6-1所示，消费对生产的影响可能是积极的促进作用，也可能是消极的阻碍作用。这些作用最终表现为对各类投入、产出的综合影响。

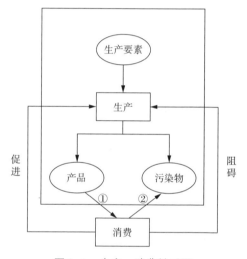

图6-1　生产—消费关系图

作为环境管理的一个重要方面，环境效率评价表现为对生产系统内投入要素、产品和污染物三者的综合测量。结合图6-1所述生产与消费的关系，消费对于生产，无论是积极地促进还是消极地阻碍，都在不同程度上影响着决定环境效率的三个变量。即消费通过对与生产过程密切相关的各类投入、产出变量的作用，最终影响和制约着企业的环境效率。那么，对企业环境效率的评价研究也不能再简单地局限于经济和环境两个维度了，而应进一步考虑人口消费这一社会维度。

6.2.2　非期望产出的处理

在考虑环境问题的DEA理论中，产出被分成两类：一类是常规产出，如GDP、利润、发电量等，被称为期望产出，通常用Desirable Outputs来表示；另一类是与期望产出相伴而生的特殊产品——污染物，如废水、废气、固体废弃物等，被称为非期望产出，通常用Undesirable Outputs来表示。非期望产出的概念最早是由Koopmans提出的（Koopmans，1951）。上述废水、废气、固体废弃物等是生态领域的非期望产出概念，在非生态领域也会存在非期望产出，如企业缴纳的税收、医院的手术并发症等。

非期望产出是在生产过程中伴随着期望产出的生产而一同出现的，二者具有天然的连接。根据Färe等人的研究表明，期望产出与非期望产出之间具有联合产出性和弱可处置性的关系（Färe等，2004）。

1. 联合产出性（null-joint）

假如用$P(x)$表示由投入x所能生产出来的所有产出的集合，两类产出分别用y和u来表示，则（x, y, u）就是一个决策单元的观测值。空连接性指的是在一定的技术条件下，有产出y就会有产出u，若要使非期望产出$u=0$，则必有$y=0$。换言之，要想不排放污染物，唯一的办法就是不生产，同时也就没有期望产出。Färe等人（2007）曾戏称此性质为"无风不起浪"。

2. 弱可处置性（Weak Disposability）

在DEA模型中，我们一般假设投入变量x是强可处置的，而期望产出y与非期望产出u之间是联合弱可处置的，可表示为：对$\forall \theta \in [0, 1]$，若$(y, u) \in P(x)$，则有$(\theta y, \theta u) \in P(x)$，即以同样的投入生产出更少的产出是可行的，也说明期望产出y和非期望产出u可以同比例减少。当θ取零值时，生产活动将停止。

由以上关系可知，一个决策单元要想在生产过程中完全消除非期望产出是不可能的，除非停止任何生产活动，若要减少其非期望产出的数量，必须同比例地减少期望产出的数量。也就是说，任何减少污染的行为都要牺牲一部分期望产出，DEA中通常将期望产出和非期望产出之间的这种替代关系称为"Trade-off"。

回到效率评价模型上，一般的DEA模型都基于如下假设：

假设1：对任意的$x \in R_+^N$，都有$\{0\} \in P(x)$，即不进行生产总是可行的。

假设2：对任意的$x \in R_+^N$，$P(x)$是一个紧集，即任何一组有限的投入只能生产出一组有限的产出。

假设3：如果$x' \geqslant x$，则有$P(x) \subseteq P(x')$成立，表明投入是可以自由处置的。

注意，以上假设针对的是一般的DEA模型，仅考虑了投入和期望产出，含有非期望产出的模型还需要增加对非期望产出的处理。考虑到非期望产出需要满足空连接性和弱可处置性两条性质，则可将对其的约束条件表示为公式（6-3）：

$$U\lambda = u \tag{6-3}$$

即非期望产出的约束条件取严格等号，其中，λ 为权重向量。

在传统生产可能集的基础上，加入非期望产出约束，可以构造出新的生产可能集如公式（6-4）所示：

$$T_1 = \left\{ (x, y, u) : X\lambda \leqslant x, Y\lambda \geqslant y, U\lambda = u, \lambda \in R_+^N \right\} \tag{6-4}$$

T_1 中未对权重向量做约束，表示为规模收益不变情况下的环境生产可能集，相应的规模收益可变条件下的环境生产可能集可以表示为公式（6-5）：

$$T_2 = \left\{ (x, y, u) : X\lambda \leqslant x, Y\lambda \geqslant y, U\lambda = u, e\lambda = 1, \lambda \notin R_+^N \right\} \tag{6-5}$$

其中，e 为单位向量。

6.2.3 环境效率评价模型

在研究环境效率时，学者们常用的定量评价方法有多目标决策法、随机前沿分析法、DEA方法等。其中，DEA是一种确定性非参数方法，因其具有无须事先知道生产函数的具体形式、计算结果不受数据量纲影响等优点，常被应用于效率评价，本节主要讨论基于DEA的环境效率评价模型。

以经典的BCC模型为例，在规模收益可变的情况下，投入 x 和产出 y 均表现为强可处置的，反映在模型中即投入、产出的约束条件取不等号。

$$
\begin{aligned}
\min \ & \theta \\
\text{s.t.} \ & \sum_{j=1}^{n} \lambda_j x_{ij} \leqslant \theta x_{io}, i = 1, \cdots, m \\
& \sum_{j=1}^{n} \lambda_j y_{rj} \geqslant y_{ro}, r = 1, \cdots, s \\
& \sum_{j=1}^{n} \lambda_j = 1 \\
& \lambda_j \geqslant 0, j = 1, \cdots, n
\end{aligned} \tag{6-6}
$$

加入非期望产出之后，新模型就兼顾了生产和环境，成为衡量环境效率的手段，相应地，模型变为公式（6-7）的形式：

$$\min \theta$$

$$\text{s.t.} \sum_{j=1}^{n} \lambda_j x_{ij} \leqslant \theta x_{io}, i = 1, \cdots, m$$

$$\sum_{j=1}^{n} \lambda_j y_{rj} \geqslant y_{ro}, r = 1, \cdots, s$$

$$\sum_{j=1}^{n} \lambda_j u_{lj} = u_{lo}, l = 1, \cdots, k \qquad (6\text{-}7)$$

$$\sum_{j=1}^{n} \lambda_j = 1$$

$$\lambda_j \geqslant 0, j = 1, \cdots, n$$

注意到，因为非期望产出的弱可处置性，模型中对其的约束条件取严格等式。当然，对非期望产出的处理方法不同，构造的环境效率评价模型也不同。比如Färe等人提出的双曲测度（Hyperbolic Measure）模型，它采用对称的方式处理期望产出和非期望产出，同时实现期望产出的增加和非期望产出的减少如公式（6-8）（Färe，1989）：

$$\max \theta$$

$$\text{s.t.} \quad X\lambda \leqslant x_o$$

$$Y\lambda \geqslant \theta y_o$$

$$U\lambda = \frac{1}{\theta} u_o \qquad (6\text{-}8)$$

$$\lambda \geqslant 0$$

不过，双曲测度模型是一个非线性规划，Färe等人在计算效率值时利用线性变换方法，将模型中的等式约束用一个近似的线性约束来替换，得到了如模型公式（6-9）所示的线性规划形式。但此方法是有缺陷的，因其线性在$\theta = 1$附近达到，故而不能保证结果的准确性。

$$\max \theta$$

$$\text{s.t.} X\lambda \leqslant x_o$$

$$Y\lambda \geqslant \theta y_o$$

$$U\lambda = 2u_o - \rho u_o \qquad (6\text{-}9)$$

$$\lambda \geqslant 0$$

Shephard提出了距离函数的概念（Shephard，1953），后来被应用于效率评价领域。Chung等人构建了一个方向距离函数，求解包含非期望产出的企业生产效率，以观测点到生产前沿面的距离来表示评价对象的效率，距离越大则效率值越低，反之则效率值越高（Chung等，1997）。Färe等人定义了一个产出方向的环境距离函数如公式（6-10）（Färe等，2007）。

$$\vec{D}_O(x_o, y_o, u_o; g_y, g_u) = \max \beta$$
$$\text{s.t.} \quad X\lambda \leqslant x_o$$
$$Y\lambda \geqslant y_o + \beta g_y$$
$$U\lambda \geqslant u_o - \beta g_u \qquad (6\text{-}10)$$
$$\lambda \geqslant 0$$

上式中，$g=(g_y, g_u)$ 表示方向向量，即期望产出沿着 g_y 的方向改进，非期望产出沿着 g_u 的方向改进。函数值 β 表示决策单元 DMU_o 到生产前沿面的距离。若最优解 $\beta^*=0$，则可说决策单元为DEA有效，否则为无效。

以上对环境效率的建模均修改了传统的生产可能集，Seiford和Zhu另辟蹊径，提出一种仅需处理数据无须修改生产可能集的效率计算方法，其思路是：首先基于分类不变性的思想，将非期望产出和期望产出归为一类，所有非期望产出的数值乘以（-1），再加上一个足够大的正数，并将修改后的数据（记为 $\bar{U}$）当作普通产出进行处理（Seiford and Zhu，2002）。转化之后，可以选择任何合适的DEA模型求解环境效率，模型如公式（6-11）：

$$\max h$$
$$\text{s.t.} \quad X\lambda \leqslant x_o$$
$$Y\lambda \geqslant hy_o$$
$$\bar{U}\lambda \geqslant hu_o \qquad (6\text{-}11)$$
$$e\lambda = 1$$

除以上模型外，交叉效率模型、网络结构效率评价模型、动态效率评价模型等也可应用于环境效率的评价（徐婕等，2007；卞亦文，2007；Kortelainen，2008）。

从单纯考虑一般的投入和产出，到加入非期望产出这一变量，效率评价模型经历了多次演变，在不同的应用场景内也会有不同的效率表达方式。因此，在加入消费需求这一新的约束条件后，依然很难给出一个确定的环境效率指数以及评价模型，现有的效率评价模型在经过修正后只要能够反映出消费对绩效改进的影响即可。以如上所列的若干模型为例，加入消费需求后无须再修正效率指数，因为消费需求的约束主要体现在对期望产出的优化方面，基于此，可以给出新的效率评价模型如公式（6-12）~公式（6-14）：

$$\min \theta$$

$$\text{s.t. } \sum_{j=1}^{n} \lambda_j x_{ij} \leqslant \theta x_{io}, i=1,\cdots,m$$

$$\sum_{j=1}^{n} \lambda_j y_{rj} \geqslant y_{ro}, r=1,\cdots,s$$

$$\sum_{j=1}^{n} \lambda_j u_{lj} = u_{lo}, l=1,\cdots,k \qquad （6\text{-}12）$$

$$\sum_{j=1}^{n} \lambda_j y_{rj} \leqslant \hat{y}_{ro}, r=1,\cdots,s$$

$$\sum_{j=1}^{n} \lambda_j = 1$$

$$\lambda_j \geqslant 0, j=1,\cdots,n$$

或者

$$\vec{D}_O(x_o,y_o,u_o;g_y,g_u) = \max \beta$$

$$\text{s.t. } X\lambda \leqslant x_o$$

$$Y\lambda \geqslant y_o + \beta g_y$$

$$U\lambda \geqslant u_o - \beta g_u \qquad （6\text{-}13）$$

$$Y\lambda \leqslant \hat{y}_o$$

$$\lambda \geqslant 0$$

或者

$$\max h$$

$$\text{s.t. } X\lambda \leqslant x_o$$

$$Y\lambda \geqslant h y_o$$

$$\bar{U}\lambda \geqslant h u_o \qquad （6\text{-}14）$$

$$Y\lambda \leqslant \hat{y}_o$$

$$e\lambda = 1$$

其中，$\hat{y}_{ro}$ 表示被评价决策单元第 r 个期望产出的改进上限，$\hat{y}_o$ 为其向量形式。在具体计算时，还可以依据实际情况进一步细分，从所有 s 个期望产出中选择若干个需要进行干预的变量进行处理。

6.2.4 基于评价结果的优化策略分析

1.基于价格的消费引导策略

由于低碳、环保理念的深入人心以及社会节能减排措施的推进，必然在未来带来消费的升级，激发出对环保产品的巨大市场需求。不管是何种类型的消费者，其消费行为都具有可诱导的特点，尤其是价格诱导。"态度—行为缺口"的存在，很大一部分原因正是产品的价格问题。在以上效率评价的基础上，可以将价格机制引入研究框架，通过控制产品价格的上升或下降调节人们消费需求的规模。进而通过由此产生的产品比价体系变动，调节人们的消费需求结构和需求方向，引导消费者由常规产品消费转向绿色产品消费，从而养成适度消费、合理消费的良好习惯。消费者的这种变化反过来也会作用于企业，促进资源的合理配置，最终达到一个双赢的局面。

2.基于消费需求的生产结构及规模调整

决策单元效率的改善仅仅是从数量上给出投入产出的改进量，作为决策者仍需进一步挖掘数据背后隐藏的深层次含义。首先，这些数据为我们揭示了企业环境保护和自身经济发展的内在机制；其次，也是非常重要的一点，消费行为对企业生产的反馈作用（突出地表现为消费需求量），对企业调整生产结构和生产规模提供了极为有价值的信息，企业层面的调整对我国经济结构转型和产业结构升级无疑起到推波助澜的作用。在实证分析中，可进一步挖掘这些信息进行分析，并将其应用于实践，为企业生产结构和规模调整提供借鉴。

根据经济学理论可知，价格变动会引起供求关系的变动，供求关系的变动也会反过来引起价格的变动。所以，以上两个方向的绩效优化策略是相互联系的。在实际运作中，可以考虑政府干预和市场调节相结合的手段，形成反映市场供求关系、资源稀缺性和污染排放限额的价格形成机制，共同促进整个社会生产和消费的可持续发展。

6.3 需求概念的扩展

在第4章有关经济发展与环境压力关系的讨论时，我们借鉴了库兹涅茨曲线加以描述，如果在库兹涅茨曲线中加入环境承载力的约束，则可得到如图6-2所示的两种情况。

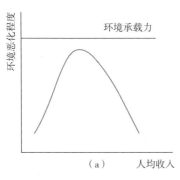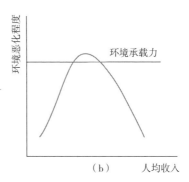

图6-2　环境库兹涅茨曲线

图6-2（a）表示在全部考察期内，污染物排放始终处于环境的可承受范围之内，此时虽然经济活动对环境造成了损害，但没有超过不可逆转的阈值；图6-2（b）则相反，表示在人均收入处于某一范围内时，环境的恶化程度超出了其自身的承载能力，环境的自我恢复将变得极其困难，人类需要花费更大的代价去弥补。无论环境库兹涅茨曲线是否成立，也不论其形状如何，我们都不希望看到b图中的情形发生。环境恶化主要是由人类在生产生活中向环境排放的各种废弃物造成的，如果能对废弃物的排放加以控制，避免其超出环境承载能力，则能保证经济和环境的相对协调发展。注意到，对废弃物排放的控制实际上就是对环境效率评价中非期望产出的约束，结合图6-1来看，图6-2中的环境承载力约束类似于图6-1中②所示的消费与环境的关系。

图6-1中①所表示的是从期望产出的角度，即消费者对产品的需求量的增减对环境的影响，并据此构建了新的环境效率评价模型。既然期望产出和非期望产出是相伴而生的，那么我们在考虑消费者对期望产出的需求的同时，也不能忽视对非期望产出的"需求"。如前所述，非期望产出包括SO_2、煤烟、废水等，可是真的有人对其有需要吗？真的有人对其有消费需要吗？恐怕看到这里的读者也要质疑了。让我们换个角度思考，超过合理消费范围、与收入水平不相匹配的过度消费会刺激企业扩大生产，使得消耗过多资源的同时也向环境排放了更多的废弃物，从而破坏生态环境。因此，在进行环境效率评价时，我们综合考量了消费需求这一外部变量。同样，不受欢迎的污染物也是一种产品形

式，只不过人类对其的需求是被动的，无论消费者还是企业都希望它们尽可能地少生产，这种"少"的需求也是一种需求。正如许多文献中对二者产出数量的非常直白的说明一样——期望产出越多越好，非期望产出越少越好。

对非期望产出的需求又该如何界定呢？如果我们在大街上随机采访一名路人，询问他"请问你每个月需要消费多少SO_2""请问你每个月花在购买废水上的支出是多少"或者其他诸如此类的问题，估计要被当作异类看待了。那么，如果我们去工厂里做调查能得到答案吗？估计，要去污水处理厂或者其他专业的废弃物处理公司才可以。期望一个糖果厂的负责人告诉你他们需要多少废水是显然不能得到答案的。回到初始的问题，如何界定对非期望产出的需求呢？一个简单的办法就是排污限额的使用，它是为污染源规定的最高允许排放额度。2017年11月，生态环境部审议通过了《排污许可管理办法（试行）》，对排放工业废气或者排放国家规定的有毒有害大气污染物的企事业单位、几种供热设施的燃煤热源生产运营单位、直接或间接向水体排放工业废水和医疗污水的企事业单位和其他生产经营者、城镇污水几种处理设施的运营单位、设有排放口的规模化畜禽养殖场等排污单位实行排污许可管理，各排污单位必须依法持有排污许可证，并在排污许可证副本中规定排放口位置、数量、排放方式、排放取向，排放口和排放源排放污染物的种类、许可排放浓度和许可排放量等事项，如无排放许可证则不得排放污染物，无证排污者将由县级以上人民政府的环境保护主管部门按照相关法律法规给予处罚。在我国的五年计划中，也做了许多建立排污申报登记制度，加强排污限额管理，实行排污许可交易的说明。如《国家环境保护"十一五"规划》中确定的主要污染物排放控制目标为到2010年，COD相较于2005年减少10%，SO_2排放量相较于2005年减少10%。"十二五"规划中规定COD和SO_2排放量均比2010年减少8%，分别新增削减能力601万吨和654万吨；全国氨氮和NO_x排放总量分别控制在238万吨和2046.2万吨，比2010年的264.4万吨、2273.6万吨各减少10%，分别新增削减能力69万吨、794万吨。"十三五"规划中对COD和氨氮排放的目标相较于2015年分别减少10%，SO_2和NO_x排放量分别减少15%。以上这些约束性减排比例就是从国家层面制定的减排目标，按照上一个五年计划的实际排污量和减排比例即可计算出五年末的排污限额，再以此排污限额作为对非期望产出的需求约束，重新构建环境效率评价体系。

监测和统计数据显示，我国"十一五"期间的环境保护取得了积极进展，COD 和 SO_2 两项主要污染物减排指标都超额完成；"十二五"环境保护规划确定的七项约束性指标中，有六项提前完成，仅有 NO_x 排放量未达控制目标。尽管如此，我国的环境形势依然严峻，主要污染物和 CO_2 的排放量都居世界第一，总体上处于排放高平台期，因此从源头上控制污染物排放仍是目前环境治理的重要任务，是我国社会经济可持续发展和居民健康生活的基本保证。

综上，本节将环境效率评价中对消费需求的概念做了扩展，不再局限于对期望产出的需求分析，而是从一个新的视角重新审视非期望产出，深化了消费需求的内涵，从而使研究结果更加系统、全面。

6.3.1　模型提出

在环境效率建模中，在期望产出和非期望产出的空连接性的基础上，有学者提出期望产出和非期望产出总是不可分离的，必须在模型中体现二者之间的替代关系，才能更加符合实际情况。基于此种思想，可将所有的变量划分成可分离的和不可分离的公式（6-15），变量和生产可能集分别表示为公式（6-16）的形式（Tone and Tsutsui，2011）。

$$\boldsymbol{X} = \begin{pmatrix} X^S \\ X^{NS} \end{pmatrix}, \ \boldsymbol{Y} = \begin{pmatrix} Y^S \\ Y^{NS} \end{pmatrix}, \ \boldsymbol{U} = \begin{pmatrix} U^S \\ U^{NS} \end{pmatrix} \tag{6-15}$$

$$T = \left\{ (x^S, x^{NS}, y^S, y^{NS}, u^S, u^{NS}) : (x^S, x^{NS}) \ can \ produce \ (y^S, y^{NS}, u^S, u^{NS}) \right\} \tag{6-16}$$

表示有 n 个同质决策单元，其投入、期望产出和非期望产出分别用向量 $\boldsymbol{X} \in R^{m \times n}$，$\boldsymbol{Y} \in R^{s \times n}$ 和 $\boldsymbol{U} \in R^{l \times n}$ 表示，m，s 和 l 分别表示三种变量的个数，上标 "S" 表示可分离变量，"NS" 表示不可分离变量。依然假设非期望产出 U 为弱可处置的，则生产可能集可等价表示为公式（6-17）的形式：

$$T = \left\{ \begin{aligned} &(x^S, x^{NS}, y^S, y^{NS}, u^S, u^{NS}) \,|\, X^S \lambda \leqslant x^S, X^{NS} \lambda \leqslant x^{NS}, \\ &Y^S \lambda \geqslant y^S, Y^{NS} \lambda \geqslant y^{NS}, U^S \lambda = u^S, U^{NS} \lambda = u^{NS}, \lambda \geqslant 0 \end{aligned} \right\} \tag{6-17}$$

类似于对期望产出的需求约束，对非期望产出的需求约束可表示为公式（6-18）的形式：

$$\sum_{j=1}^{n} U^{Ns} \lambda_j \leqslant Q \tag{6-18}$$

但稍有不同的是，需求约束上限 Q 是一定时期内所有决策单元排放的总限额约束，没有细分到每一个不可分离的非期望产出，是因为在现有条件下，较难获得精确的单个企业或分地区的污染物排放限额数据，而总量约束或排放限额缩减目标数据是容易获得的。在具体的效率评价模型上，选择基于松弛变量的 SBM 模型为基础，结合投入产出变量的不可分离性和非期望产出的需求约束，得到环境效率评价模型公式（6-19）。

$$\min \rho = \frac{1}{n}\sum_{j=1}^{n}\left\{\frac{1}{2}\left[\frac{1}{m}\left(\sum_{i=1}^{m_1}\frac{x_{ij}^S - s_i^{1-}}{x_{ij}^S} + m_2\alpha_j\right) + \frac{1}{s+l}\left(\sum_{r=1}^{s_1}\frac{y_{rj}^S + s_r^{1+}}{y_{rj}^S} + s_2\alpha_j + (l_1+l_2)\beta_j\right)\right]\right\}$$

$$\text{s.t. } X^S\lambda_j + S_j^{1-} = x_j^S$$
$$X^{NS}\lambda_j + S_j^{2-} = \alpha_j x_j^{NS}$$
$$Y^S\lambda_j - S_j^{1+} = y_j^S$$
$$Y^{NS}\lambda_j - S_j^{2+} = \alpha_j y_j^{NS}$$
$$U^S\lambda_j = \beta_j u_j^S \qquad\qquad\qquad\qquad\qquad (6\text{-}19)$$
$$U^{NS}\lambda_j = \beta_j u_j^{NS} \qquad\qquad\text{for all } j = 1,\cdots,n$$
$$\sum_{j=1}^{n}U^{NS}\lambda_j \leq Q$$
$$0 \leq \alpha_j \leq \beta_j \leq 1$$
$$\lambda_j \geq 0$$
$$S_j^{1-}, S_j^{2-}, S_j^{1+}, S_j^{2+} \geq 0$$

式中，λ_j 是对应于 DMU_j 的权重向量。m_1 和 m_2 表示可分离投入和不可分离投入的个数（$m_1+m_2=m$），s_1 和 s_2 分别表示可分离期望产出、不可分离期望产出的个数（$s_1+s_2=s$），l_1 和 l_2 分别表示可分离非期望产出、不可分离非期望产出的个数（$l_1+l_2=l$），α 和 β 值为外生变量，其数值反映决策者对不可分离变量和非期望产出的调节，目标函数为第 j 个决策单元的环境效率值。

因为该模型主要是探寻非期望产出的需求约束作用，故关键是确定排放限额 Q 的取值。一般情况下，排放限额可由专业技术人员根据环境容量，综合考虑各种因素，按照科学的方法测算出来。但其更多的是在国家层面计算的，并且由于许多污染源是流动性的，水环境、大气环境也是流动的，对单个企业进行评价无法获得相关数据，也意义不大。在以上模型中，从国家层面确定排放限额，可以以环境容量限值为其赋值，令非期望产出的排放量小于等于环境容量。

6.3.2　实证分析

尽管电力行业在国民经济发展中发挥了巨大的作用，但也是造成环境污染最主要的污染源之一。尤其在我国，火力发电是电力生产的主要形式，它一方面消耗大量的化石燃料，另一方面释放大量的SO_2、CO_2等温室气体，可以说电力生产是我国最主要的污染源之一。故此以我国各省的电力行业为评价对象进行实证分析，以探寻污染改进的方向，为电力行业节能减排提供指导信息。在评价指标方面，选取总资产、劳动力和燃煤量作为投入，其中燃煤量为不可分离变量；工业总产值、发电量和SO_2排放量作为产出，其中发电量和SO_2排放量为不可分离变量。所有变量及其统计描述见表6-1。

表6-1　变量及其统计描述

变量	描述	单位	最大值	最小值	平均值	标准差
x_1	总资产	百万元	289000.3	7300.9891	91398.37	70865.32
x_2	劳动力	千人	104.499	3.371	35.6301	25.3177
x_3	燃煤量	万吨	9276.6262	325.8537	3577.196	2496.312
y_1	工业总产值	百万元	106140.2	2741.265	31447.18	27210.44
y_2	发电量	百万千瓦时	271382	10898.12	107565.7	76147.15
u	SO_2排放量	万吨	99.1596	3.4831	38.2373	26.6836

注：1.数据为我国30个省和自治区的数据，西藏自治区因数据缺失而被剔除。

　　2.数据来源于《中国统计年鉴2008》和中宏数据库。

在效率计算时，根据国家"十一五"规划中对SO_2的减排要求，将SO_2的排放限额Q的取值定为1120.98，即在计算期内全国除西藏之外的30个省的SO_2排放总量不得超过1120.98万吨。

首先取$\alpha=\beta=0.5$，利用模型公式（6-19），计算得到所有决策单元的环境效率值如表6-2所示，30个省的平均环境效率为0.7127。30个省市中仅有北京、天津、上海、河南和广东5个省是DEA有效的。其他省市环境效率值均低于1，说明没有充分利用好资源和能源，物质转化效率过低，或者在转化过程中排放了过多的SO_2，致使总体效率值低下。

表6-2　30个省的环境效率取值

决策单元	环境效率取值	决策单元	环境效率取值
北京	1	河南	1
天津	1	湖北	0.6721
河北	0.7231	湖南	0.6009
山西	0.617	广东	1
内蒙古	0.6256	广西	0.6038
辽宁	0.6562	海南	0.7966
吉林	0.673	重庆	0.5707
黑龙江	0.818	四川	0.5528
上海	1	贵州	0.6553
江苏	0.8844	云南	0.5245
浙江	0.9749	陕西	0.5803
安徽	0.7104	甘肃	0.6128
福建	0.7769	青海	0.4262
江西	0.6619	宁夏	0.5459
山东	0.6693	新疆	0.4487
平均值	0.7127		

　　为进一步验证此排放限额约束对环境效率计算的作用，还需对限额 Q 的取值进行灵敏度分析。为此，令 Q 从1120.5以步长1递减，并分别计算每一步的环境效率，结果发现：当 Q 的取值落在[762.5,1120.5]之间时，所得结果保持不变，整体环境效率值 ρ^* 取值一直为0.7127；当 Q 的取值从762.5开始减少时，整体环境效率取值缓慢增长。显然，排放限额约束对效率值的确有影响，且为负向关系， Q 取值越小，环境效率值就越高。而本例中排放限额取的是全国的总量，其数值与国家政策相关，以上结论也反映出一国环境治理的政策约束与环境效率的关系。

　　本书注意到，考虑了排放限额的环境效率评价模型中还隐藏着一条性质，即当Q取值超过某一阈值之后，对此特殊"需求"的约束将不再起作用，等同于不考虑这一"需求"时的环境效率值。为此，进一步细化步长的取值，对排放限额Q的取值进行灵敏度分析，结果见图6-3。可以看到，环境效率值发生变化的临界点为$Q=761.9$，只要限制SO_2的排放量在数值以下，排放限额约束就会起作用，且效率值随着限额的减少而有所提升。

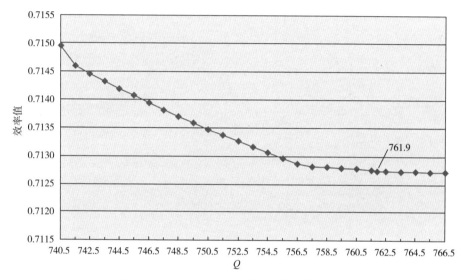

图6-3　排放限额对环境效率值的灵敏度分析

相较于环境效率发生改变的临界点来说，实际的排放限额显然要大得多，说明政策层面的排放限额约束较为宽松，不能发挥良好的作用，未来可考虑进一步压缩限额设置，使环境效率有进一步改善的可能。

综合以上，尽管DEA方法被反复应用于环境效率评价，且能够依据效率值或松弛变量结果进行效率改进，但很少有人考虑改进结果的可接受度问题。消费需求是有限的，企业生产的期望产出若超过需求总量不仅无法增加利润，反而要占用库存空间，增加管理费用。同样地，人们对非期望产出的需求也有一定的限额，尤其不能超过环境承载力，否则不仅会造成企业环境效率低下，而且会给环境带来不可逆转的破坏。效率评价只是第一步，后续的绩效优化才是目的，如果不考虑消费者对产品和污染物排放的这两种需求约束，效率改进也就失去了意义。

第7章

消费需求与环境效率的耦合性研究

改革开放以来，中国经济持续高速增长，已成为名副其实的经济大国。20世纪末到21世纪初，有效需求不足成为我国经济运行的主要矛盾，国家为刺激消费进行了一系列需求侧改革措施，并配套出台了扩张性财政政策进行宏观调控。在人口红利衰减、国际经济格局深刻调整等一系列内外因素的双重作用下，我国经济发展逐渐步入了"新常态"，其本质是提质增效。为保证经济平稳增长，需要努力推进新型工业化、信息化、城镇化、农业现代化的协同发展，更多依赖国内消费需求拉动经济，同时优化升级经济结构，进一步释放市场活力。2014年中央经济工作会议提出了"经济新常态"的九大特征，其中之一是"环境承载能力已达到或接近上限，必须推动形成绿色低碳循环发展新方式"。可见，新常态不仅要求满足人民日益增长的物质文化生活的需要，也要注重经济的绿色可持续发展，尽力做到消费和环境的协调匹配。

第4章利用STIRPAT模型探讨了居民消费水平和生态环境压力之间的关系，得出生态环境压力会随着居民消费水平的增加而增加，而当达到某一拐点后，又会随着居民消费水平的增加而减少的结论，但只是对消费水平和环境压力之间关系的验证性分析，并未说明消费与环境之间的协调程度如何，是否还有改善空间等问题。本章以耦合度作为指标，分别以居民消费水平指数和环境效率值作为消费和环境的综合评价值，选取2006～2015年我国经济发展宏观数据，定量测算消费与环境的耦合程度，以及十年间二者耦合变化的发展趋势。

7.1 耦合的概念

耦合是电信领域中的一个专业名词，是指能量从一种介质（如光纤、电路等）传播到另一种介质的过程，又可具体区分为多场耦合、能量耦合、数据耦合、控制耦合、标记耦合、内容耦合等不同的种类。软件工程中也需考虑对象之间的耦合性，因对象之间存在多重依赖性，故应尽量降低类和构件之间的耦合性，以便减少维护成本。现在，耦合的概念已被应用于多个领域，如研究生态环境、人口与经济、城镇化和土地资源等。推而广之，可认为耦合是指任何两个或两个以上系统之间存在的相互作用、相互影响的关系，广泛存在于有交互作用的系统之间，系统之间相互影响的程度则用耦合度来描述。若相互影响的系统之间是互利互惠、彼此促进的关系，则为良性耦合；若系统之间是相互抵制、互为盈亏的关系，则为恶性耦合。

人类面对客观存在的自然界，通过生产活动和科学研究，不断掌握自然变化的规律，得以认识自然并改造自然，依赖于大自然的馈赠而取得了辉煌的人类文明成果。但自然并不是予取予求的，由于各类资源存量有限，人类的改造活动也对自然造成了极大影响。尤其是从工业革命开始，技术飞速进步、经济大踏步发展，而自然环境却受到了巨大破坏。进入 21 世纪，人类面临的一个重大挑战，就是如何在保证社会经济高速发展和保护自然环境之间取得平衡。可见，经济的发展依赖于自然，同时对自然造成巨大影响，而自然环境也反过来影响人类活动，人类经济活动和自然之间存在着上述相互影响、相互作用的耦合关系。

在对人类经济活动的考察和反思中，无论生态学家、经济学家还是环境主义者大都更加关注生产对自然环境的影响，即便是解决环境问题的行政管制方法也是针对生产方采取的行动（如控污染源、设置排污标准等），而较少考虑消费活动对自然环境的作用。人类活动也好，自然环境也罢，二者都是十分复杂的系统，若要探讨它们之间的耦合，必然涉及其中诸多子系统的分析，这些不在本书的讨论之列。本章仅对消费需求和环境效率做耦合分析，从系统耦合的角度入手，把消费需求和环境效率作为两个相互耦合的系统，定量测量二者之间的耦合性，探索人类消费活动与赖以生存的自然环境之间的协调程度。

假设消费活动以消费需求为测量指标，其有三种发展趋势：需求增加"↑"、需求不变"−"和需求减少"↓"；自然环境以环境效率作为测量指标，也有变好"G"、不变"N"和变差"B"三种态势，则两个系统之间的耦合情况存在如表 7−1 所示的九种可能状态。

表 7−1　消费需求与环境效率的耦合关系

消费需求	环境效率		
	变好	不变	变差
增加	↑ G	↑ N	↑ B

续表

消费需求	环境效率		
	变好	不变	变差
不变	– G	– N	– B
减少	↓ G	↓ N	↓ B

　　显然，在表7-1的所有组合中，我们更加期望出现"↑ G、↑ N、– G、– N"组合，即保证人们的消费水平增加或不变的情况下，环境状态是变好的，或至少是没有继续恶化的。

7.2　消费需求与环境效率的耦合分析

7.2.1　数据来源与数据处理

1.环境效率数据

　　根据现有环境效率评价的研究成果，测量环境效率的投入变量一般包括劳动投入、资本投入和能源投入，产出方面通常选取GDP作为期望产出，化学需氧量、SO_2、固体废弃物等作为非期望产出。考虑到DEA效率计算中的拇指法则，评价指标个数不宜过多，故此在计算之前运用熵权法将多个非期望产出合成为一个综合指标。以上所有指标数据均整理自《中国统计年鉴》《中国环境统计年鉴》以及中国经济数据库，搜索年限为2006～2015年，经标准化处理后的数据见表7-2。

表7-2　各评价指标描述性统计结果

	变量	最大值	最小值	标准差
投入	劳动	2.547	0.113	0.658
	资本	4.372	0.062	0.808
	能源	2.879	0.072	0.623
产出	GDP	4.568	0.041	0.858
	非期望产出	1.572	0.281	0.320

注：因西藏自治区数据不完整，此表只包含大陆30个省、自治区、直辖市的数据。

选取BCC模型公式（7-1）对30个省份2006~2015年的环境效率进行测评，评价结果见表7-3。

$$\min \theta - \varepsilon \left(\sum_{i=1}^{m} s_i^- + \sum_{r=1}^{s} s_r^+ \right)$$

$$\text{s.t.} \sum_{j=1}^{n} \lambda_j x_{ij} + s_i^- = \theta x_{io}, i = 1, \cdots, m$$

$$\sum_{j=1}^{n} \lambda_j y_{rj} - s_r^+ = y_{ro}, r = 1, \cdots, s \quad\quad (7\text{-}1)$$

$$\sum_{j=1}^{n} \lambda_j = 1$$

$$\lambda_j, s_i^-, s_r^+ \geqslant 0, j = 1, \cdots, n$$

表7-3 2006~2015年全国各地区环境效率评价结果

省份	2006	2007	2008	2009	2010	2011	2012	2013	2014	2015
北京	0.824	0.882	0.913	0.915	0.957	1.000	0.994	1.000	0.998	1.000
天津	0.912	0.894	0.942	0.856	0.845	0.909	0.940	0.963	0.985	1.000
河北	0.738	0.740	0.729	0.666	0.694	0.726	0.699	0.679	0.646	0.608
山西	0.786	0.792	0.810	0.677	0.718	0.751	0.717	0.666	0.611	0.564
内蒙古	0.740	0.756	0.819	0.754	0.739	0.767	0.721	0.652	0.618	0.628
辽宁	0.705	0.707	0.735	0.708	0.744	0.786	0.777	0.757	0.723	0.708
吉林	0.710	0.667	0.641	0.600	0.594	0.620	0.614	0.594	0.567	0.534
黑龙江	0.837	0.817	0.817	0.719	0.755	0.799	0.765	0.714	0.674	0.622
上海	0.854	0.895	0.915	0.884	0.929	0.977	0.973	0.960	0.985	0.986
江苏	0.745	0.782	0.833	0.813	0.873	0.933	0.931	0.943	0.953	0.953
浙江	0.727	0.762	0.794	0.772	0.831	0.880	0.874	0.878	0.873	0.864
安徽	0.781	0.787	0.797	0.765	0.809	0.866	0.853	0.847	0.831	0.799
福建	0.758	0.772	0.767	0.743	0.773	0.802	0.795	0.792	0.771	0.755
江西	0.778	0.765	0.794	0.756	0.814	0.883	0.881	0.890	0.890	0.866
山东	0.735	0.730	0.750	0.719	0.732	0.759	0.761	0.770	0.762	0.746
河南	0.809	0.778	0.754	0.648	0.644	0.647	0.628	0.629	0.609	0.587

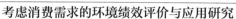

续表

省份	2006	2007	2008	2009	2010	2011	2012	2013	2014	2015
湖北	0.658	0.692	0.727	0.708	0.739	0.779	0.781	0.797	0.789	0.777
湖南	0.827	0.844	0.858	0.806	0.817	0.840	0.819	0.849	0.841	0.832
广东	0.961	0.985	1.000	0.951	0.972	1.000	0.977	0.986	0.972	0.960
广西	0.811	0.800	0.773	0.683	0.664	0.671	0.633	0.625	0.614	0.601
海南	1.000	0.994	1.000	0.958	0.975	0.974	0.919	0.870	0.852	0.847
重庆	0.677	0.681	0.743	0.726	0.753	0.819	0.828	0.829	0.830	0.825
四川	0.724	0.745	0.762	0.730	0.756	0.795	0.783	0.796	0.786	0.773
贵州	0.640	0.676	0.719	0.676	0.682	0.716	0.714	0.700	0.693	0.680
云南	0.729	0.758	0.803	0.723	0.665	0.643	0.616	0.624	0.590	0.558
陕西	0.732	0.718	0.737	0.675	0.711	0.747	0.753	0.747	0.730	0.681
甘肃	0.787	0.796	0.796	0.730	0.749	0.769	0.741	0.718	0.690	0.619
青海	1.000	0.983	1.000	0.997	1.000	0.978	0.991	0.999	1.000	0.983
宁夏	0.919	0.918	0.966	0.912	0.924	0.926	0.939	0.940	0.941	0.945
新疆	0.665	0.677	0.714	0.664	0.732	0.774	0.742	0.697	0.650	0.569
平均值	0.745	0.800	0.814	0.790	0.84	0.887	0.868	0.849	0.824	0.785

2.消费需求数据

居民消费水平是居民在物质产品和劳务的消费过程中，对满足其生存、发展和享受需要方面所达到的程度，其所处层次可通过居民消费的产品和劳务的数量及质量反映出来。本书搜集整理了2007～2017年的《中国统计年鉴》数据，获取了2006～2015年十年间全国31个省、自治区、直辖市的绝对消费数据（表7-4）。

表7-4　2006~2015年中国各地区居民消费数据　　　　单位：亿元

地区	2006	2007	2008	2009	2010	2011	2012	2013	2014	2015
北京	16487	18553	20113	22023	24982	27760	30350	33337	36057	39200
天津	10609	12034	14150	15200	17852	20624	22984	26261	28492	32595
河北	4924	5667	6498	7193	8057	9551	10749	11557	12171	12829

续表

地区	2006	2007	2008	2009	2010	2011	2012	2013	2014	2015
山西	4883	5693	6519	6854	8447	9746	10829	12078	12622	14364
内蒙古	5746	7062	8354	9460	10925	13264	15196	17168	19827	20835
辽宁	6926	7934	9690	10906	13016	15635	17999	20156	22260	23693
吉林	5710	6675	7629	8538	9241	10811	12276	13676	13663	14630
黑龙江	5141	6037	7135	7922	9121	10634	11601	12978	15215	16443
上海	20022	22889	25167	26582	32271	35439	36893	39223	43007	45816
江苏	8182	9530	10882	11993	14035	17167	19452	23585	28316	31682
浙江	11099	12730	14264	15867	18274	21346	22845	24771	26885	28712
安徽	4409	5276	6006	6829	8237	10055	10978	11618	12944	13941
福建	7971	8943	10645	11336	13187	14958	16144	17115	19099	20828
江西	4117	4676	5805	6212	7989	9523	10573	11910	12000	14489
山东	7064	8142	9673	10494	11606	13524	15095	16728	19184	20684
河南	4530	5141	5877	6607	7837	9171	10380	11782	13078	14507
湖北	5480	6513	7399	7791	8977	10873	12283	13912	15762	17429
湖南	5508	6254	7152	7929	8922	10547	11740	12920	14384	16289
广东省	10619	12336	13911	15243	17211	19578	21823	23739	24582	26365
广西	4280	5114	6152	6968	7920	9181	10519	11710	12944	13857
海南	4819	5630	6134	6695	7553	9238	10634	11712	12915	17019
重庆	5323	6453	7637	8494	9723	11832	13655	15423	17262	18860
四川	4501	5259	6072	6863	8182	9903	11280	12485	13755	14774
贵州	3797	4263	4880	5456	6218	7389	8372	9541	11362	12876
云南	4172	4658	5465	5976	6811	8278	9782	11224	12235	13401
西藏	2877	3166	3460	3985	4469	4730	5340	6275	7205	8756
陕西	4742	5480	6483	7154	8474	10053	11852	13206	14812	15363
甘肃	3810	4298	4947	5509	6234	7493	8542	9616	10678	11868
青海	4229	4978	5830	6501	7326	8744	10289	12070	13534	15167
宁夏	5070	5743	7108	7918	8992	10937	12120	13537	15193	17210
新疆	4151	4831	5521	5945	7400	8895	10675	11401	12435	13684

因环境效率计算不包括西藏自治区，故也剔除掉了西藏地区的消费数据，取30个省份的数据。为方便后续计算，将剔除西藏后上表中数据做归一化处理，得到表7-5。

表7-5 2006~2015年中国各地区居民消费数据标准化处理结果

地区	2006	2007	2008	2009	2010	2011	2012	2013	2014	2015
北京	0.0665	0.0672	0.0685	0.0693	0.0708	0.0746	0.0763	0.0764	0.0811	0.0831
天津	0.0553	0.0531	0.0540	0.0525	0.0526	0.0533	0.0527	0.0538	0.0526	0.0535
河北	0.0218	0.0227	0.0238	0.0245	0.0244	0.0240	0.0249	0.0247	0.0248	0.0248
山西	0.0244	0.0235	0.0248	0.0247	0.0249	0.0252	0.0238	0.0248	0.0249	0.0246
内蒙古	0.0353	0.0369	0.0353	0.0347	0.0338	0.0326	0.0328	0.0318	0.0309	0.0290
辽宁	0.0402	0.0415	0.0414	0.0411	0.0399	0.0389	0.0378	0.0368	0.0347	0.0349
吉林	0.0248	0.0255	0.0281	0.0280	0.0276	0.0276	0.0296	0.0290	0.0292	0.0288
黑龙江	0.0279	0.0284	0.0267	0.0265	0.0271	0.0272	0.0275	0.0271	0.0264	0.0259
上海	0.0777	0.0801	0.0806	0.0842	0.0904	0.0963	0.0922	0.0957	0.1000	0.1010
江苏	0.0538	0.0528	0.0485	0.0444	0.0438	0.0419	0.0416	0.0414	0.0417	0.0413
浙江	0.0487	0.0501	0.0509	0.0522	0.0544	0.0545	0.0550	0.0542	0.0556	0.0560
安徽	0.0237	0.0241	0.0239	0.0251	0.0256	0.0246	0.0237	0.0228	0.0231	0.0222
福建	0.0353	0.0356	0.0352	0.0369	0.0381	0.0394	0.0393	0.0405	0.0391	0.0402
江西	0.0246	0.0224	0.0245	0.0241	0.0243	0.0238	0.0215	0.0221	0.0204	0.0208
山东	0.0351	0.0357	0.0344	0.0345	0.0345	0.0346	0.0364	0.0368	0.0356	0.0356
河南	0.0246	0.0244	0.0242	0.0237	0.0234	0.0234	0.0229	0.0223	0.0225	0.0228
湖北	0.0296	0.0294	0.0286	0.0280	0.0277	0.0268	0.0270	0.0281	0.0285	0.0276
湖南	0.0276	0.0268	0.0266	0.0268	0.0269	0.0266	0.0275	0.0272	0.0273	0.0278
广东	0.0447	0.0458	0.0488	0.0498	0.0499	0.0514	0.0528	0.0529	0.0539	0.0535
广西	0.0235	0.0241	0.0241	0.0240	0.0234	0.0236	0.0242	0.0234	0.0224	0.0216
海南	0.0289	0.0241	0.0241	0.0243	0.0236	0.0225	0.0232	0.0233	0.0246	0.0243
重庆	0.0320	0.0322	0.0317	0.0312	0.0302	0.0290	0.0294	0.0290	0.0282	0.0268
四川	0.0251	0.0256	0.0257	0.0258	0.0253	0.0244	0.0238	0.0231	0.0230	0.0227
贵州	0.0218	0.0212	0.0196	0.0191	0.0188	0.0186	0.0189	0.0185	0.0186	0.0191
云南	0.0227	0.0228	0.0231	0.0223	0.0211	0.0203	0.0207	0.0208	0.0204	0.0210

地区	2006	2007	2008	2009	2010	2011	2012	2013	2014	2015
陕西	0.0261	0.0276	0.0271	0.0271	0.0256	0.0253	0.0248	0.0246	0.0240	0.0239
甘肃	0.0201	0.0199	0.0198	0.0195	0.0191	0.0186	0.0191	0.0188	0.0188	0.0192
青海	0.0257	0.0252	0.0248	0.0235	0.0223	0.0219	0.0225	0.0222	0.0218	0.0213
宁夏	0.0292	0.0283	0.0278	0.0277	0.0279	0.0268	0.0274	0.0270	0.0251	0.0256
新疆	0.0232	0.0232	0.0234	0.0244	0.0227	0.0221	0.0206	0.0210	0.0211	0.0209

7.2.2　耦合度计算与判别

按照刘春林（2017）对耦合度计算公式和实践应用的分析，本文采用公式（7-2）计算耦合度：

$$C = \left[\frac{u_1 u_2}{\left(\dfrac{u_1 + u_2}{2} \right)^2} \right]^k \qquad (7\text{-}2)$$

式中，u_1、u_2 分别表示两个相关系统的综合水平，本文中则指代消费水平和环境效率两个指标，k 为调节系数，计算出的 C 值为两系统的耦合度。

在耦合度的基础上，还可进一步计算出两系统的综合协调指数，按照大部分学者的观点，可用各系统的加权平均值来表示，见公式（7-3）：

$$T = \alpha u_1 + \beta u_2 \quad (\alpha + \beta = 1) \qquad (7\text{-}3)$$

其中，α、β 表示各系统的重要程度，可由决策者主观确定取值。

根据 C、T 的计算结果，可得出系统之间的耦合协调指数，它是耦合度和综合协调指数的几何平均值见公式（7-4）：

$$D = \sqrt{C \times T} \qquad (7\text{-}4)$$

需要说明的是，耦合度和耦合协调指数是有差异的，前者用以描述两个或多个系统之间相互作用的强弱，后者则进一步说明系统之间相互影响的方向，用于判断系统之间协调发展的程度。

根据以上公式，我们取调节系数 $k=0.5$，研究时间跨度为"十一五"和"十二五"的十年。尽管这期间中国经济聚焦消费拉动，各项扩大消费政策落地实施，但国家对生态环境已经相当重视，"十二五"规划纲要中明确指出要"倡导文明、节约、绿色、低碳消费理念，推动形成与我国国情相适应的绿色生活方式和消费模式"，故此可认为消费和环境保护同样重要，取 $\alpha=\beta=0.5$ 是合理的。

居民消费和环境效率之间的耦合协调程度以 D 值大小确定，二者协调发展类型的判定，本书借鉴廖重斌的分类体系，将两个系统之间的协调度分为三大类十小类（廖重斌，1999），具体标准见表7-6。

表7-6　耦合协调发展度的划分标准

类型	D值	协调等级
失调衰退型	0~0.09	极度失调
	0.1~0.19	严重失调
	0.2~0.29	中度失调
	0.3~0.39	轻度失调
过渡型	0.4~0.49	濒临失调
	0.5~0.59	勉强协调
协调发展型	0.6~0.69	初级协调
	0.7~0.79	中级协调
	0.8~0.89	良好协调
	0.9~1.00	优质协调

1. 国家层面耦合情况

从宏观层面考虑消费需求和环境效率的耦合度和耦合协调度时，消费需求取全国消费水平指数（反映不同时期居民消费水平变动程度的指标），本文根据国家统计局数据，以1978年居民消费水平指数为比较基准，截取其中2006至2015年的消费指数水平，为方便计算做归一化处理（表7-7）。

表7-7　2006~2015年中国居民消费水平指数

消费水平指数	2006	2007	2008	2009	2010	2011	2012	2013	2014	2015
原始值	765.03	862.64	934.27	1026.14	1124.52	1248.64	1361.97	1462	1574.59	1692.57
处理后	0.06	0.07	0.08	0.09	0.09	0.10	0.11	0.12	0.13	0.14

环境效率取 30 个省的平均值，代入以上公式可计算出 C、T、D 的取值，计算结果见表 7-8。

表7-8　居民消费水平与环境效率耦合协调指数

年份	C	T	D
2006	0.5253	0.4025	0.4598
2007	0.5440	0.4350	0.4865
2008	0.5709	0.4470	0.5052
2009	0.6060	0.4400	0.5164
2010	0.5913	0.4650	0.5244
2011	0.6035	0.4935	0.5457
2012	0.6319	0.4890	0.5559
2013	0.6588	0.4845	0.5650
2014	0.6861	0.4770	0.5721
2015	0.7168	0.4625	0.5758

从计算结果来看，"十一五"和"十二五"的十年间，居民消费水平和环境效率耦合关系逐渐增强，越加协调发展，但整体所处区间为过渡阶段，尚未达到良好的协调发展。

（1）居民消费水平角度

全国居民消费从 2006 年的人均 6416.31 元增加到 2015 年的人均 19397.33 元，十年间增长了三倍多，除了政策因素之外，居民的可支配收入增加是消费增长的主要动力，当然，科技进步带来的消费升级也是我们无法忽视的事实。技术的不断进步和全球制造业的转移，使得高端消费品成本不断下降，在互联网技术的加持下，人们的消费选择更加丰富，商品和服务的购买渠道更多，也更加便捷，汽车、手机、智能家电等纷纷走入普通百姓家庭，居民不仅在消费数量有上大幅提升，也更加注重消费质量。消费升级，从本质上来看，是消费观念的升级。解决了基本温饱问题之后，人们开始转向精神消费、健康消费、内容消费等新的消费领域。广东省现代文化产业发展中心曾总结消费升级的四大特征——从功能到精神、从品质到精致、从需要到想要、从从众到出众，体现了居民需求从发展到享受的转变，这一结论也可由我国居民消费结构的变化得到印证。

（2）环境角度

全国环境效率呈现波动发展，仅在2007和2011两年有小幅上升，其余年份均有回落。尤其是2012～2015年，全国环境效率均值一直处于下降趋势。2006～2010年，我国GDP年均实际增长11.2%，比"十五"时期年平均增速快1.4个百分点，也远远高于同期世界经济年均增速。"十二五"时期尽管我国经济从高速增长转为中高速增长，但GDP年均实际增长率仍近8%。与这些令人瞩目的成绩相伴的，必然是大量的资源和能源投入，资源消耗和污染物排放进入快速增长阶段。尽管技术进步使得资源的利用效率大幅提高，但资源消耗数量的绝对增加，对环境的影响越来越大，整体来说，资源环境的综合状况并不乐观。

（3）消费和环境综合角度

综合消费和环境的发展趋势来看，二者的协调程度并不高，经济发展迅速而生态环境较为脆弱。未来，消费与环境的协调发展仍是需要努力的方向。所幸，消费与环境的耦合是动态变化的，过去协调发展度较低并不代表以后不能达到更高的协调水平。在"十一五"和"十二五"时期，国家十分重视环境保护和节能减排，但人民消费需求的大幅增加使得资源消耗总量加大，对资源环境的利用强度增加了。在这种情况下，我国环境质量依然有了极大改善，节能降耗工作进展顺利，污染物排放总量也逐步得到控制，甚至提前完成减排目标，这些都说明我国资源节约型和环境友好型社会建设取得了显著成效。

2.省际层面耦合情况

表7-9列出了"十一五"和"十二五"时期全国31个省市自治区以2005年为比较基准计算出的消费水平指数。

表7-9 2006～2015年中国各地区居民消费水平指数

地区	2006	2007	2008	2009	2010	2011	2012	2013	2014	2015
北京	109.5	117.27	123.26	116.20	127.48	135.12	144.04	153.55	160.77	171.54
天津	109.9	120.78	135.03	119.79	136.56	150.22	163.89	174.87	186.93	198.52
河北	113.5	126.67	140.60	123.54	136.64	155.36	167.94	186.08	203.57	223.31

地区	2006	2007	2008	2009	2010	2011	2012	2013	2014	2015
山西	114.6	127.89	139.02	117.85	128.93	141.30	159.11	175.82	184.61	205.84
内蒙古	113.4	133.93	146.11	135.82	150.89	172.47	192.65	211.72	230.14	240.72
辽宁	106.6	117.37	137.20	123.53	140.09	160.12	176.77	193.56	210.40	228.50
吉林	108.5	120.33	130.19	122.77	127.55	141.33	156.45	176.17	185.85	200.17
黑龙江	104.5	116.52	131.08	123.88	139.11	152.75	161.61	177.28	205.82	219.82
上海	109.9	121.11	128.26	116.48	128.01	136.33	144.51	155.06	166.38	177.20
江苏	112.8	126.79	139.47	127.01	141.49	161.30	184.20	214.78	240.34	264.86
浙江	113.6	126.78	138.31	125.44	138.61	153.44	162.65	174.68	187.43	198.68
安徽	112.1	126.56	140.36	124.53	142.59	164.40	175.25	181.91	194.64	208.66
福建	111.5	118.97	128.49	118.54	128.15	136.86	146.44	156.84	169.23	184.12
江西	125	135.50	155.55	121.73	136.22	152.02	167.98	184.78	203.44	222.36
山东	115.4	131.09	148.53	125.87	138.83	152.16	167.99	184.95	203.63	221.96
河南	112.3	122.52	140.04	122.63	139.92	156.71	173.01	189.62	205.92	227.54
湖北	113.3	134.71	152.63	125.20	144.23	174.67	191.61	211.92	234.81	256.41
湖南	107.8	120.09	130.90	121.31	132.35	145.06	158.41	171.24	186.99	200.83
广东	107.4	121.25	129.86	125.21	136.85	147.66	159.92	170.15	184.27	196.81
广西	108.5	121.30	134.53	129.46	143.71	155.78	171.82	187.46	201.70	216.43
海南	109.1	119.57	131.89	120.67	134.91	155.41	169.87	183.80	199.79	216.77
重庆	111.1	128.10	140.91	129.60	147.87	168.72	188.80	211.83	235.34	260.29
四川	106.5	117.36	125.70	123.53	140.46	160.68	180.29	195.97	212.43	229.43
贵州	115	120.52	127.39	119.79	133.68	146.92	160.43	180.81	204.49	224.74
云南	106.6	111.72	123.78	117.27	132.16	153.58	174.62	195.05	210.06	232.96
西藏	96.2	105.92	115.77	126.73	142.06	150.30	163.22	190.48	212.01	246.14
陕西	110.9	122.66	134.80	121.33	135.52	152.19	173.65	191.71	211.07	224.79
甘肃	108.9	115.76	121.78	113.85	124.44	149.57	167.22	186.79	206.96	226.83
青海	106.6	118.11	125.91	120.33	128.75	145.23	167.31	187.05	205.19	225.92
宁夏	106.9	119.41	138.75	118.85	129.07	143.40	156.59	170.37	190.30	214.09
新疆	107.2	118.88	125.90	119.33	141.64	156.94	181.89	188.62	201.83	218.78

因环境效率计算值缺乏西藏自治区的数据，故剔除掉西藏的消费水平指数，并按列做归一化处理（表7-10）。

表7-10　2006~2015年中国各地区居民消费水平指数归一化结果

地区	2006	2007	2008	2009	2010	2011	2012	2013	2014	2015
北京	0.0330	0.0319	0.0305	0.0317	0.0312	0.0295	0.0285	0.0278	0.0267	0.0262
天津	0.0331	0.0328	0.0334	0.0326	0.0334	0.0328	0.0325	0.0317	0.0310	0.0304
河北	0.0342	0.0344	0.0347	0.0336	0.0334	0.0339	0.0333	0.0337	0.0338	0.0342
山西	0.0345	0.0348	0.0344	0.0321	0.0315	0.0309	0.0315	0.0318	0.0306	0.0315
内蒙古	0.0342	0.0364	0.0361	0.0370	0.0369	0.0377	0.0382	0.0383	0.0382	0.0368
辽宁	0.0321	0.0319	0.0339	0.0336	0.0343	0.0350	0.0350	0.0350	0.0349	0.0349
吉林	0.0327	0.0327	0.0322	0.0334	0.0312	0.0309	0.0310	0.0319	0.0308	0.0306
黑龙江	0.0315	0.0317	0.0324	0.0337	0.0340	0.0334	0.0320	0.0321	0.0342	0.0336
上海	0.0331	0.0329	0.0317	0.0317	0.0313	0.0298	0.0286	0.0281	0.0276	0.0271
江苏	0.0340	0.0345	0.0345	0.0346	0.0346	0.0352	0.0365	0.0389	0.0399	0.0405
浙江	0.0342	0.0345	0.0342	0.0342	0.0339	0.0335	0.0322	0.0316	0.0311	0.0304
安徽	0.0338	0.0344	0.0347	0.0339	0.0349	0.0359	0.0347	0.0329	0.0323	0.0319
福建	0.0336	0.0323	0.0318	0.0323	0.0314	0.0299	0.0290	0.0284	0.0281	0.0282
江西	0.0377	0.0368	0.0384	0.0332	0.0333	0.0332	0.0333	0.0334	0.0338	0.0340
山东	0.0348	0.0356	0.0367	0.0343	0.0340	0.0332	0.0333	0.0335	0.0338	0.0339
河南	0.0338	0.0333	0.0346	0.0334	0.0342	0.0342	0.0343	0.0343	0.0342	0.0348
湖北	0.0341	0.0366	0.0377	0.0341	0.0353	0.0382	0.0380	0.0384	0.0390	0.0392
湖南	0.0325	0.0326	0.0324	0.0330	0.0324	0.0317	0.0314	0.0310	0.0310	0.0307
广东	0.0324	0.0330	0.0321	0.0341	0.0335	0.0323	0.0317	0.0308	0.0306	0.0301
广西	0.0327	0.0330	0.0332	0.0353	0.0352	0.0340	0.0340	0.0339	0.0335	0.0331
海南	0.0329	0.0325	0.0326	0.0329	0.0330	0.0339	0.0337	0.0333	0.0332	0.0332
重庆	0.0335	0.0348	0.0348	0.0353	0.0362	0.0369	0.0374	0.0383	0.0391	0.0398
四川	0.0321	0.0319	0.0311	0.0336	0.0344	0.0351	0.0357	0.0355	0.0353	0.0351
贵州	0.0347	0.0328	0.0315	0.0326	0.0327	0.0321	0.0318	0.0327	0.0339	0.0344
云南	0.0321	0.0304	0.0306	0.0319	0.0323	0.0335	0.0346	0.0353	0.0349	0.0356
陕西	0.0334	0.0333	0.0333	0.0330	0.0332	0.0332	0.0344	0.0347	0.0350	0.0344

续表

地区	2006	2007	2008	2009	2010	2011	2012	2013	2014	2015
甘肃	0.0328	0.0315	0.0301	0.0310	0.0304	0.0327	0.0331	0.0338	0.0344	0.0347
青海	0.0321	0.0321	0.0311	0.0328	0.0315	0.0317	0.0332	0.0339	0.0341	0.0346
宁夏	0.0322	0.0325	0.0343	0.0324	0.0316	0.0313	0.0310	0.0308	0.0316	0.0327
新疆	0.0323	0.0323	0.0311	0.0325	0.0347	0.0343	0.0360	0.0341	0.0335	0.0335

以表7-10中的数据表征各地区居民消费评价值，以表7-3中数据表征各地区环境效率评价值，代入公式可分别计算出各地区消费和环境两系统的耦合度和耦合协调指数，结果见表7-11和表7-12。

表7-11　2006～2015年中国各地区居民消费水平与环境效率耦合度（C值）

地区	2006	2007	2008	2009	2010	2011	2012	2013	2014	2015
北京	0.3848	0.3671	0.3537	0.3598	0.3497	0.3337	0.3292	0.3244	0.3186	0.3155
天津	0.3677	0.3695	0.3637	0.3760	0.3825	0.3667	0.3595	0.3513	0.3440	0.3384
河北	0.4115	0.4121	0.4165	0.4276	0.4186	0.4129	0.4167	0.4245	0.4347	0.4491
山西	0.4014	0.4016	0.3954	0.4158	0.4013	0.3897	0.4016	0.4171	0.4262	0.4477
内蒙古	0.4110	0.4187	0.4022	0.4223	0.4257	0.4226	0.4372	0.4578	0.4683	0.4573
辽宁	0.4082	0.4065	0.4106	0.4160	0.4105	0.4040	0.4062	0.4110	0.4192	0.4232
吉林	0.4103	0.4221	0.4268	0.4470	0.4355	0.4253	0.4278	0.4399	0.4421	0.4528
黑龙江	0.3739	0.3792	0.3831	0.4136	0.4061	0.3925	0.3926	0.4058	0.4288	0.4410
上海	0.3791	0.3699	0.3598	0.3656	0.3551	0.3390	0.3331	0.3324	0.3257	0.3227
江苏	0.4086	0.4023	0.3908	0.3958	0.3830	0.3743	0.3811	0.3901	0.3928	0.3955
浙江	0.4143	0.4071	0.3979	0.4031	0.3881	0.3759	0.3702	0.3662	0.3645	0.3624
安徽	0.3988	0.4006	0.3999	0.4032	0.3982	0.3910	0.3876	0.3794	0.3796	0.3843
福建	0.4032	0.3927	0.3910	0.3996	0.3874	0.3723	0.3685	0.3656	0.3684	0.3726
江西	0.4199	0.4185	0.4195	0.4015	0.3886	0.3738	0.3747	0.3734	0.3755	0.3813
山东	0.4155	0.4211	0.4218	0.4169	0.4119	0.4008	0.4008	0.3998	0.4033	0.4078
河南	0.3924	0.3968	0.4096	0.4318	0.4377	0.4367	0.4432	0.4429	0.4488	0.4597
湖北	0.4329	0.4369	0.4330	0.4188	0.4172	0.4222	0.4207	0.4188	0.4237	0.4276
湖南	0.3815	0.3785	0.3745	0.3888	0.3831	0.3744	0.3771	0.3687	0.3703	0.3705

续表

地区	2006	2007	2008	2009	2010	2011	2012	2013	2014	2015
广东	0.3553	0.3542	0.3472	0.3656	0.3589	0.3482	0.3489	0.3428	0.3440	0.3434
广西	0.3860	0.3901	0.3974	0.4323	0.4373	0.4285	0.4399	0.4418	0.4430	0.4449
海南	0.3512	0.3502	0.3497	0.3583	0.3559	0.3606	0.3694	0.3769	0.3800	0.3810
重庆	0.4239	0.4301	0.4135	0.4206	0.4184	0.4062	0.4067	0.4109	0.4146	0.4191
四川	0.4032	0.3969	0.3882	0.4102	0.4081	0.4025	0.4084	0.4043	0.4056	0.4077
贵州	0.4417	0.4202	0.4011	0.4190	0.4179	0.4053	0.4041	0.4130	0.4217	0.4282
云南	0.4020	0.3851	0.3761	0.4024	0.4204	0.4339	0.4488	0.4502	0.4593	0.4749
陕西	0.4086	0.4116	0.4067	0.4216	0.4129	0.4037	0.4088	0.4119	0.4179	0.4279
甘肃	0.3920	0.3827	0.3747	0.3954	0.3872	0.3956	0.4046	0.4144	0.4254	0.4484
青海	0.3472	0.3500	0.3421	0.3512	0.3441	0.3488	0.3542	0.3563	0.3571	0.3625
宁夏	0.3617	0.3634	0.3639	0.3640	0.3576	0.3557	0.3518	0.3505	0.3546	0.3596
新疆	0.4204	0.4170	0.4000	0.4218	0.4157	0.4032	0.4201	0.4217	0.4318	0.4583

从表7-11数据不难看出，相较于全国情况来说，各地区的消费需求和环境效率的耦合程度更低，仅有北京、天津、上海、广东、海南、青海和宁夏七省市和自治区在所有年份中达到过渡型，大部分地区在多数年份里表现为轻度失调衰退型。

表7-12中得出的D值数据显示，各地区居民消费水平与环境效率耦合协调并未呈现出一致的变化趋势。从纵向来看，D值的变化既不是线性的，也没有呈现出一定的规律性，而是不断波动发展的。综合表7-11的计算结果可以得出，各省市在经济发展和环境保护方面仍面临巨大压力，需根据各省不同的地理位置特征和产业结构特征找出有针对性的改进措施，因地制宜地提升消费和环境的发展协调度。

表7-12　2006~2015年中国各地区居民消费水平与环境效率耦合协调指数（D值）

地区	2006	2007	2008	2009	2010	2011	2012	2013	2014	2015
北京	0.4061	0.4096	0.4085	0.4127	0.4157	0.4145	0.4102	0.4083	0.4040	0.4023
天津	0.4168	0.4138	0.4212	0.4087	0.4099	0.4155	0.4181	0.4180	0.4180	0.4175

续表

地区	2006	2007	2008	2009	2010	2011	2012	2013	2014	2015
河北	0.3986	0.3995	0.3988	0.3867	0.3902	0.3961	0.3906	0.3889	0.3844	0.3797
山西	0.4058	0.4075	0.4086	0.3840	0.3878	0.3903	0.3877	0.3815	0.3698	0.3651
内蒙古	0.3989	0.4073	0.4147	0.4087	0.4064	0.4124	0.4074	0.3975	0.3920	0.3899
辽宁	0.3879	0.3875	0.3973	0.3928	0.3997	0.4072	0.4061	0.4034	0.3986	0.3965
吉林	0.3903	0.3843	0.3790	0.3763	0.3690	0.3720	0.3714	0.3710	0.3635	0.3575
黑龙江	0.4029	0.4011	0.4034	0.3945	0.4003	0.4042	0.3955	0.3891	0.3897	0.3802
上海	0.4101	0.4143	0.4127	0.4091	0.4129	0.4131	0.4084	0.4052	0.4061	0.4043
江苏	0.3989	0.4053	0.4117	0.4096	0.4169	0.4257	0.4294	0.4376	0.4416	0.4432
浙江	0.3971	0.4027	0.4059	0.4031	0.4097	0.4144	0.4096	0.4081	0.4059	0.4026
安徽	0.4031	0.4056	0.4078	0.4013	0.4099	0.4199	0.4148	0.4086	0.4048	0.3996
福建	0.3995	0.3974	0.3952	0.3936	0.3947	0.3935	0.3896	0.3873	0.3837	0.3820
江西	0.4138	0.4096	0.4178	0.3980	0.4057	0.4138	0.4139	0.4152	0.4165	0.4142
山东	0.3999	0.4015	0.4073	0.3963	0.3972	0.3984	0.3990	0.4008	0.4006	0.3988
河南	0.4066	0.4012	0.4019	0.3836	0.3853	0.3857	0.3831	0.3833	0.3799	0.3780
湖北	0.3870	0.3990	0.4069	0.3942	0.4019	0.4153	0.4151	0.4182	0.4188	0.4177
湖南	0.4049	0.4073	0.4083	0.4039	0.4034	0.4040	0.4004	0.4028	0.4018	0.3998
广东	0.4201	0.4246	0.4233	0.4244	0.4248	0.4239	0.4195	0.4175	0.4153	0.4123
广西	0.4035	0.4031	0.4002	0.3940	0.3910	0.3886	0.3830	0.3815	0.3787	0.3756
海南	0.4259	0.4240	0.4249	0.4213	0.4235	0.4263	0.4195	0.4126	0.4101	0.4095
重庆	0.3881	0.3923	0.4010	0.4001	0.4063	0.4169	0.4195	0.4221	0.4245	0.4257
四川	0.3904	0.3927	0.3924	0.3957	0.4016	0.4087	0.4089	0.4100	0.4081	0.4059
贵州	0.3860	0.3859	0.3880	0.3853	0.3864	0.3894	0.3882	0.3890	0.3915	0.3911
云南	0.3911	0.3896	0.3959	0.3897	0.3828	0.3831	0.3821	0.3852	0.3788	0.3754
陕西	0.3954	0.3932	0.3958	0.3863	0.3920	0.3968	0.4012	0.4012	0.3998	0.3912
甘肃	0.4009	0.3979	0.3934	0.3879	0.3884	0.3982	0.3957	0.3947	0.3925	0.3828
青海	0.4233	0.4215	0.4200	0.4252	0.4213	0.4196	0.4259	0.4290	0.4297	0.4295
宁夏	0.4148	0.4156	0.4266	0.4146	0.4134	0.4126	0.4131	0.4125	0.4153	0.4193
新疆	0.3828	0.3846	0.3860	0.3833	0.3992	0.4037	0.4043	0.3926	0.3841	0.3716

7.3 生产与消费的博弈问题

研究环境问题的经济学家比较感兴趣的一个话题就是外部性，他们常探讨外部性对空气、水源、生态以及人类生活质量的影响。经常被讨论的一个议题是生产的负外部性，比如火力发电厂生产电能供居民和企业使用，结果却排放了大量烟尘、硫化物和氮化物，损害了空气质量，即使现在在国家的强制要求下安装脱硫设备、静电除尘装置等，仍然会有残留物排出，格外影响附近居民的生活，但无论是电厂还是消费者都没有为其买单，且这些社会成本也没有包含在电价之中。当然，环境的负外部性也可能是由消费引起的，例如在奢侈消费风气下的产品过度包装或者使用不可回收材料进行包装等，都要花费较大成本进行残留物处理，Callan 和 Thomas 就曾在其著作的专栏中列举了 CD 光盘过度包装的案例，用以说明消费的外部性（Callan and Thomas，2006）。

7.3.1 环境外部性

按照传统经济学的观点，在经济人假设条件下，厂商和消费者自由交易，通过价格机制的调节，即可自动解决产品短缺或过剩问题，实现市场运行的高效率。同时，在"看不见的手"的作用之下，不仅厂商和消费者获得了各自利益，而且社会整体福利水平也得到了提高。

图 7-1 中阴影部分 A 和 B 分别代表消费者剩余和生产者剩余，二者之和构成了社会总福利。只要没有政府干预，竞争性市场总是资源配置有效的，无论市场状态是否处于供给曲线和需求曲线的均衡点 E 处，总能达到社会福利最大化，即 A 和 B 的面积之和。

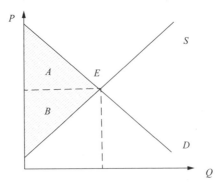

图 7-1　竞争性市场的社会福利

　　需要注意的是，以上结论的前提是消费者和厂商均在经济人假设之下，都是在各自利益的驱动之下生产或者消费的。那么，当潜在的市场运行受到阻碍时，将出现何种结果呢？比如本书中反复探讨的环境问题，当人类经济活动产生了危害生态环境的残留物时，当厂商的生产过程伴随着污染物的排放时，经济活动产生了外部性，市场无法对环境污染做出反应，市场失灵了。我们也可以说，市场失灵导致了污染，并扭曲了传统的竞争性市场的均衡。

　　关于外部性的含义，兰德尔（1989）从接受主体的角度可将其定义为"当一个行动的某些效益或成本不在决策者的考虑范围内的时候而产生的一些低效率现象；也就是某些效益被给予，或某些成本被强加给没有参加这一决策的人"（兰德尔，1989）。从产生主体的角度，可将其定义为"那些生产或消费对其他团体强征了不可补偿的成本或给予了无须补偿的收益的情形"（萨缪尔森、诺德豪斯，1999）。一般地，我们可以将外部性视为某个经济主体对另一个经济主体产生的一种外部影响，这种影响没有通过价格机制反映出来，可以区分为正外部性和负外部性两种情况。

　　在外部性理论发展方面，马歇尔（Alfred Marshall）、庇古（Arthur Cecil Pigou）和科斯（Ronald H. Coase）等人做出了非常大的贡献。随着研究的不断深入，外部性理论被引入到了环境保护领域。我国学者沈满洪和何灵巧阐述了外部性理论发展的三个阶段，并按照外部性的表现形式对其进行了分类描述（沈满洪、何灵巧，2002）。李寿德和柯大纲详细论述了外部性在环境领域的应用，并提出了用环境政策解决环境污染问题的思路（李寿德、柯大纲，2000）。龚新梅等人同样以环境污染为切入点，分析了污染排放所造成的外部性（龚新梅等，2003）。岳峰利则从环境保护的角度，对节能环保产业进行了外部性分析（岳峰利，2010）。

　　如图 7-2 所示，在不考虑生产给环境带来的间接效应时，即不存在外部性时，均衡点为企业供给曲线 S_2 和需求曲线 D 的相交点，均衡产量为 Q_2。当生产或消费过程中产生废弃物并排放到环境时，都或多或少地对生态环境质量造成影响，也就是说对生态环境产生了负外部性。如果把需求函数定义为厂商的边际收益，把供给函数 S_2 定义为厂商的边际成本，显然，在 Q_2 的均衡产量上，存在一个超出企业边际成本的社会成本，边际社会成本（S_1 表示）超出了边际收益，市场不再处于配置有效的状态。相较于边际社会成本和企业边际收益的

均衡产量 Q_1 点，不考虑生产外部性的企业会过度生产，带来的外部环境损害由社会承担，最终导致生态环境的恶化。这时，政府不得不进行干预，以解决环境问题，常用的手段是出台环境政策、重建激励机制等。

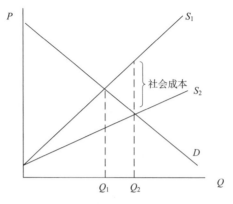

图 7-2 考虑外部性的市场均衡

7.3.2 二手产品市场的外部性分析

如上所述，外部性不仅出现在生产阶段，也出现在消费阶段，且大部分情况下我们讨论的都是它们的负外部性。本节中，将讨论一类特殊的产品——二手商品，因为闲置就是浪费，消费阶段的浪费和生产阶段的资源浪费都会对生态环境产生影响。关于外部性理论的研究以及实证分析的论文相当多，外部性理论也从经济分析的领域被引入到了环境保护和节能产业等问题的讨论中来，对二手商品的研究也有许多，但是鲜有将二者相结合而展开的针对二手商品交易的外部性进行的讨论。本部分的研究拓宽了外部性理论的研究领域，同时也可将消费者对二手商品的质量需求作为衡量消费需求的另一变量，从除需求数量之外的另一个方面凸显消费对环境的影响。

随着物流行业的快速发展和信息流的不断完善，人们的闲置商品得以在更大的范围内流通，二手商品市场逐渐成熟起来，这在一定程度上减少了物品闲置造成的资源浪费，同时也提高了资源的利用效率。以手机、平板电脑等电子商品为例，它们使用的各类金属材料占到总质量的30%至40%，而金属多为不可再生资源。在苹果公司发布的《苹果环境责任报告2015》中写道，从4万吨苹果公司旗下产品（包括 iPhone、iPad 和 Mac）中，就可以提炼出2.8万吨可回收利用的材料，其总价值约为4000万美元。事实上，二手电子产品许多都远未达到报废的程度，甚至有些还是崭新的。二手电子产品交易不仅减少了有限的金属资源的浪费，而且减轻了资源开发所带来的环境污染问题。由此可见，二手商品交易对生态环境具有正的外部性。结合图7-2可见，随着二手商品交易数量的增加，Q_2会越来越接近Q_1，企业生产造成的外部环境损害被二次（或多次）消费抵消而减小。

从生产角度来看，技术的不断进步提升了产品质量，商品的寿命周期延长。从消费角度来看，产品更新换代速度加快，不断刺激着消费者购买更先进的产品，进行电子商品领域的消费。产品的使用寿命和更新换代周期之间的时间差，使得二手商品存在很大的市场。这个市场有多大呢？据淘宝二手平台公布的2016年用户调研报告数据显示，超过98%的人都有闲置物品。从二手商品交易的市场规模来看，其市场估值在2016年即达到千亿元级别，且二手数码产品、美妆产品等类型商品的成交量呈现快速增长趋势。

7.3.3 均衡分析

当经济活动存在外部性时，市场机制失灵，需要政府进行干预以重建激励机制。这里借助纳什均衡（Nash equilibrium）的基本原理，对二手商品市场中买卖双方的行为策略进行分析，构建博弈矩阵并求解，对他们提出有关交易时间、交易价格等的参考建议，也为国家出台相关政策完善二手交易平台提供参考。

首先给出如下假设：

①信息结构是不对称的，消费者在寻找买家和卖家时均需支付搜寻成本，记为M；

②所考察的二手商品均可正常使用，保证二手商品和全新商品在满足消费者需求方面具有同样的效果，如此，消费者使用两类产品所获得的效用是相同的，记为U；

③全新商品和二手商品的售价分别为P_1、P_2，且有$P_1 > P_2$；

④与消费者效用相对应，购买全新商品和二手商品带来的效用分别记为$u(P_1)$、$u(P_2)$，且$u(P_1)=P_1$，$u(P_2)=P_2$。

选择市场上两个典型性消费者为代表，一个是二手商品卖方（P），另一个是买方（C），二人均有两个不同的战略，其战略空间可分别记为S_1={转卖，闲置}，S_2={购买全新商品，购买二手商品}。在二者组成的所有四种战略组合中，（转卖，购买全新商品），（转卖，购买二手商品）和（闲置，购买二手商品）三种情况下均有搜寻行为发生。

记卖方P有α的概率选择转卖，$1-\alpha$的概率选择闲置二手商品；买方C有β的概率选择购买全新商品，$1-\beta$的概率选择购买二手商品。则买卖双方的混合战略分别为$\sigma_p=(\alpha,\ 1-\alpha)$，$\sigma_C=(\beta,\ 1-\beta)$。根据以上假设条件和分析，可构建二人的博弈矩阵见表7-13。

表7-13　博弈矩阵表

		买方 C	
		购买全新商品 β	购买二手商品 $1-\beta$
卖方 P	转卖 α	$-M,\ U-u(P_1)$	$u(P_2)-M,\ U-u(P_2)-M$
	闲置 $1-\alpha$	$0,\ U-u(P_1)$	$0,\ -M$

给定卖方P选择战略$\sigma_P=(\alpha,\ 1-\alpha)$时，

C选择购买全新商品的期望效用见公式（7-5）：

$$E_{C1}=(U-u(P_1))\alpha+(U-u(P_1))(1-\alpha)=U-u(P_1) \tag{7-5}$$

C选择购买二手商品的期望效用见公式（7-6）：

$$E_{C2}=\alpha(U-u(P_2)-M)+(1-\alpha)(-M)=-M+\alpha U-\alpha u(P_2) \tag{7-6}$$

买方C的期望效用见公式（7-7）：

$$E_C=\beta E_{C1}+(1-\beta)E_{C2}$$
$$=\beta(U-u(P_1)+M-\alpha U+\alpha u(P_2))-M+\alpha U-\alpha u(P_2) \tag{7-7}$$

由期望效用最大化的一阶条件可推导出公式（7-8）：

$$\frac{\partial E_C}{\partial \beta}=U-u(P_1)+M-\alpha U+\alpha u(P_2)=0$$
$$\Rightarrow \alpha^*=\frac{U+M-u(P_1)}{U-u(P_2)} \tag{7-8}$$

同理，给定买方C选择战略$\sigma_P=(\beta,\ 1-\beta)$时，

P选择闲置商品的期望效用见公式（7-9）：

$$E_{p1}=-\beta M+(1-\beta)(u(P_2)-M)=(1-M)u(P_2)-M \tag{7-9}$$

P 选择转卖商品的期望效用见公式（7-10）：

$$E_{P2} = 0 \cdot \beta - 0 \cdot (1-\beta) = 0 \qquad\qquad（7-10）$$

卖方 P 的期望效用见公式（7-11）：

$$E_P = \alpha E_{P1} + (1-\alpha)E_{P2} = \alpha(1-\beta)u(P_2) - \alpha M \qquad（7-11）$$

由期望效用最大化的一阶条件可推导出公式（7-12）：

$$\frac{\partial E_P}{\partial \alpha} = (1-\beta)u(P_2) - M = 0$$
$$\Rightarrow \beta^* = 1 - \frac{M}{u(P_2)} \qquad\qquad（7-12）$$

现在，让我们来帮助消费者分析一下，什么情况下购买二手商品是合适的：首先，当消费者更倾向于购买二手商品时，一定有 $1-\beta > 0.5$ 即 $\beta < 0.5$，代入 β^* 中可以得到 $M > 0.5u(P_2)$；在经济人假设下，消费者购买二手商品的条件是期望收益大于购买全新商品的收益，即 $U - u(P_1) < U - u(P_2) - M$，可以得到 $M < u(P_1) - u(P_2)$。以上两式综合，得出公式（7-13）：

$$u(P_2) < \frac{2}{3}u(P_1)，\text{也即} P_2 < \frac{2}{3}P_1 \qquad\qquad（7-13）$$

故当二手商品价格低于全新商品价格的三分之二时，消费者更倾向于购买二手产品。

因此可以得出结论：对于二手商品卖方来说，应当尽早将闲置的商品投入二手市场，因为现在技术进步快，新产品更新换代周期不断缩短，人们也更追求款式的新颖，所以越早出手二手商品的售价越高收益越大。为保证二手商品能及时售出，其定价最好不要超过新产品价格的三分之二。在我国社会主义市场经济的背景下，政府也应出台相关政策和保障机制，对二手商品交易平台进行必要的监管，督促二手商品交易平台不断完善，保证销售商品信息的真实性。从二手商品的外部性角度，政府也应鼓励消费者购买二手商品，实现商品的重复利用，以利于节约自然资源。

7.4　正确对待消费

生产与消费是两个密不可分的阶段。关注经济与环境时，考察的是生产阶段；关注人口与环境时，考察的是消费阶段，二者之间通过环境联系起来，本期的消费将影响下一期的生产，进而引起生产规模或生产结构的调整，这些变化又在下一期作用于消费，是生产和消费相互博弈的过程。尽管我国的整体消费水平在随着经济发展不断攀升，消费必然通过生产和使用商品对环境造成或直接或间接的影响，"反弹效应"也已经被诸多学者所证实，但并不能得出反对消费的结论，消费问题需要用辩证的眼光去分析。翁一说明了消费与消费主义的区别，指出社会中所提倡的反对消费实际上是反对消费主义（翁一，2018）。消费主义者把个人物质上的自我满足和快乐放到第一位，认为只有消费才是获得人生幸福的根源，把人的一切价值都建筑在消费之上。在这一理念下，消费不再是满足个人欲望的手段，反而成为欲望本身，对它的追求极易导致过度消费，甚至是透支消费。如果我们能获得某些支付宝用户的账单信息，看看他们的信用卡支出情况或者花呗数据，其结果可能让我们大吃一惊。隐藏在消费主义外衣下的有一国经济的崛起、宏观政策的刺激、厂商的推波助澜以及超前消费的心理等各种刺激性因素。

在投资、出口、消费的三驾马车之中，消费已经成为推动我国经济增长的重要力量。商务部的统计数据显示，2015～2017年消费对我国经济增长的贡献率均在50%以上，2018年社会消费品零售总额超过38万亿元，对经济增长的贡献率更是高达76.2%。假如我们出于保护环境的考虑，反对消费，那么整个国民经济就会受到极大的影响。没有了消费，企业就无法接收消费者经由市场价格传递出来的信号，也就无法展开生产，甚至面临亏损和破产，这正是对"没有消费也就没有生产"论断的解释和证明。故此，在考虑消费对环境的影响这一问题时，我们所反对的并不是正常的消费行为，不能因为消费产生废弃物就不消费了，而是提倡适度消费、绿色消费。同样地，保护环境，推进生态文明建设也不是不要发展、放弃工业生产，而是以当前工业发展取得的巨大成就为基础，从消费和生产两个方面统筹考虑，坚持"两手抓"，寻找生产、消费和环境的均衡点，只有使经济社会发展和资源环境协调相处，才有望在环境保护方面取得更大的进展。

第8章

我国能源效率评价实证研究

面对全球的能源环境，经济学家戴思攀（Spencer Dale）曾表示："多年以来，能源需求和碳排放量都在以最快的速度增长，针对气候变化采取行动的社会诉求与实际进展速度之间存在不匹配现象，而且情况日益严重。世界正走在一条不可持续的发展道路上。"（经济日报，2019）可见，能源消费与环境以及社会发展之间有着紧密联系，然而，我们的节能减排目标与现实状况之间却存在着巨大差距。据《BP世界能源统计年鉴2019》数据显示，在GDP增速疲软和能源价格持续走高的前提下，全球一次能源需求量在2018年仍旧增长了2.9个百分点，达到2010年以来的最大增速，中国、美国和印度三国贡献了其中三分之二的增量。能源消费增长的直接后果就是碳排放量的攀升，2018年全球碳排放增长了2个百分点，也达到了多年来的最高水平。

　　中国能源供给体系面临着三大障碍：产能过剩、能源结构不合理和消费模式高能耗。对于经济发展进入新常态的中国，仅靠传统的总需求管理难以解决根本问题，大力推动能源供给侧结构性改革，优化能源结构、合理配置资源、提高能源效率才是唯一的出路。2015年11月10日，习近平总书记在中央财经领导小组第十一次会议上首次提出了供给侧结构性改革，能源供给侧结构性改革逐渐成为社会各界关注的热点话题之一。能源是经济社会发展的必要保障和物质支持，是供给体系不可或缺的一部分。在中华人民共和国成立后的很长一段时间里，能源供给都是我国经济发展的关键，为了满足基本的能源需求，努力提升产能成为各省的工作重点。而随着经济社会发展进入新常态，产能过剩代替产能不足成为制约社会进步的又一新的障碍。为了应对这一状况，政府吸收借鉴了凯恩斯需求侧管理（Keynesian demand management）理念，实行了多项扩张性的财政支出政策，虽在一定程度上刺激了总需求的增加，但供需结构性失衡问题并未从根本上得到解决（李翀，2016）。因此，必须推动能源结构转型和结构优化，针对能源行业存在的产业体系高能耗、能源结构高污染和产能严重过剩等问题，进行一系列的实践和探索，旨在创新能源体制机制，推动能源结构转型变革，实现中国从新能源大国到新能源强国的转变。

　　基于此，本章对中国各省域的能源效率展开了系统的研究，并结合实际情况分析影响其能源效率的主要因素。鉴于经典 DEA 模型在评价结果的合理性和唯一性方面存在的缺陷，本书采用 DEA 博弈交叉效率模型，构建能源效率评价指标体系，对环境污染约束下 2010~2016 年中国 28 个省市的全要素能源效率进行了测算，并结合各省市能源工作的开展情况，分析其能源效率提高或降低的原因，据此为各地区实现能源供给侧结构性改革目标、制定相关政策和采取相应措施提供有益借鉴。

8.1　能源效率

　　导致产业体系高能耗和能源结构高污染的原因之一就是能源效率低下。对于能源效率[1]，Patterson 最早将其定义为用较少的能源来生产相同数量的服务或者有用的产出（Patterson，1996）。随着国内外研究的深入，越来越多的专家学者对能源效率的定义做了进一步的拓展。Bosseboeuf 等人将能源效率概括为能源经济效率和能源技术效率两个部分，能源经济效率是指用相同甚至更少的能源投入获得更多的产出和更好的生活水平，而能源技术效率是指由于技术进步、行为改变和科学管理所带来的能源耗费的减少（Bosseboeuf 等，2007）。魏楚和沈满洪基于 Bosseboeuf 等人的研究，定义能源效率是度量在固定能源投入下所能达到的最大产出的程度，或是在固定产出条件下所能实现的最小投入的程度（魏楚、沈满洪，2007）。在能源效率的衡量问题上，国际上使用较多的单要素能源效率指标仅仅考虑了能源要素与经济产出之比，必须将能源要素与其他投入要素结合起来，使用一种新的全要素能源效率指标来正确评价各地区的能源效率问题（Hu and Wang，2006）。传统的效率度量仅考虑了能源消费带来的期望产出而忽略了非期望产出，这可能会导致最终计算的能源效率评价值出现偏差，相对来说，包含经济产出和环境影响的综合产出更接近实际情况（Watanabe and Tanaka，2007）。

---

[1] 能源效率的概念有多种理解，可分别用物理意义下的热力学指标、经济意义下的实物型指标和经济意义下的价值型指标进行评价。本文使用的是经济意义下的价值型指标。

8.2 能源效率评价模型

从现有文献来看，学术界多采用DEA（数据包络分析）方法进行能源效率评价。Hu和Wang最早采用规模报酬不变的DEA模型，以劳动力、资本存量、能源消耗和农作物播种面积为投入，以实际GDP为产出，对我国29个行政区域进行全要素能源效率评价（Hu and Wang，2006）。马海良等利用超效率DEA模型和Malmquist指数，将知识存量这一新的投入要素纳入生产函数，来测算我国三大经济区域的能源效率（马海良等，2011）。王兆华和丰超结合四阶段全局DEA模型和方向距离函数，从内外两个角度分析了影响我国能源效率的关键因素，进而探讨提升能源效率水平的可行路径（王兆华、丰超，2015）。刘学之等以全国66家钢铁企业为研究对象，通过DEA交叉效率模型来分析我国钢铁行业的能源效率（刘学之等，2017）。

Sexton等人提出的DEA交叉效率评价方法克服了传统DEA模型自评时权重分配不合理的缺陷，利用自评和他评相结合的方法得到更为客观准确的评价结果，实现了对决策单元的综合比较和排序（Sexton等，1986）。而交叉效率法选择的最优权重是建立在其他被评价决策单元的总体效率最小化的基础上的，鉴于此，Liang等人建立了DEA交叉效率与博弈论之间的联系，从非合作博弈的角度审视决策单元（Liang等，2008），借鉴Doyle等人提出的广义仁慈型方法（Doyle等，1994），对现有的交叉效率方法进行优化，使所有决策单元同时达到最优效率，从而求得唯一的纳什均衡解。

在以上文献梳理的基础上，本书将延续众多学者的研究，在全要素能源效率的框架下，综合考虑期望产出和非期望产出，尝试利用DEA博弈交叉效率模型，来测度我国省际的能源效率。该方法的优点在于引入了博弈的思想，考虑了决策单元之间可能存在的直接或间接的竞争关系，使每个决策单元在不损害其他决策单元效率值的前提下，寻求自身效率的最大化，最终得到了唯一的纳什均衡解。具体步骤如下：

首先，建立传统CCR–DEA模型。假设有n个DMU，每个DMU有m个输入和s个产出，用x_{ij}（$i=1,\cdots,m$）和y_{rj}（$r=1,\cdots,s$）分别表示DMU_j的第i个输入和第r个产出，则对于DMU_d（$d=1,\cdots,n$）的效率可用线性规划形式表示为公式（8–1）：

$$\text{Max } \sum_{r=1}^{s} u_r y_{rd}$$

$$\text{s.t. } \sum_{i=1}^{m} \omega_i x_{ij} - \sum_{r=1}^{s} u_r y_{rj} \geqslant 0, j = 1, 2, \cdots, n$$

$$\sum_{i=1}^{m} \omega_i x_{ij} = 1$$

$$\omega_i \geqslant 0, i = 1, 2, \cdots, m$$

$$u_r \geqslant 0, r = 1, 2, \cdots, s$$

（8-1）

通过模型（8-1）可获得每个 DMU_d（$d=1,\cdots,n$）的一组最优权重 $(\omega_{id}^*, \mu_{rd}^*)$，利用 DMU_d 的权重计算任意 DMU_j（$j=1,\cdots,n$）的交叉效率如公式（8-2）：

$$E_{dj} = \frac{\sum_{r=1}^{s} u_{rd}^* y_{rj}}{\sum_{i=1}^{m} \omega_{id}^* x_{ij}} \qquad d, j = 1, 2, \cdots, n$$

（8-2）

对于 DMU_j，所有 DMU_d（$d=1,\cdots,n$）平均值见公式（8-3）：

$$\overline{E}_j = \frac{1}{n} \sum_{d=1}^{n} E_{dj}$$

（8-3）

由公式 8-3 计算出的数值将用作 DMU_j 的新效率测量。

以上求解过程解决了传统模型确定的交叉效率值不唯一的问题，我们从每个 DMU_j 的角度看问题，找到每个 DMU_j 的最优权重以确定最大效率值，同时增加约束保证不降低 DMU_d 的效率值。

在省域能源效率评价中，假设其中一个省 DMU_d 的能源效率值为 α_d，另一个省 DMU_j 试图最大化本省的能源效率值，前提是 α_d 必须大于或等于原值，于是将 DMU_j 相对于 DMU_d 的博弈交叉效率定义为公式（8-4）：

$$\alpha_{dj} = \frac{\sum_{r=1}^{s} u_{rj}^d y_{rj}}{\sum_{i=1}^{m} \omega_{ij}^d x_{ij}}, \qquad d = 1, 2, \cdots, n$$

（8-4）

公式（8-4）中，$\left(\omega_{ij}^d, \mu_{rj}^d\right)$ 是博弈交叉效率模型公式（8-5）的最优权重。该模型中的权重并不一定是传统 CCR 模型的最优权重，而是其可行解，这就允许 DMU 之间协商一组权重，对于所有 DMU 是最佳的，从而表明模型利用了非合作博弈的思想。

$$\text{Max} \sum_{r=1}^{s} u_{rj}^d y_{rj}$$

$$\text{s.t.} \sum_{i=1}^{m} \omega_{ij}^d x_{ik} - \sum_{r=1}^{s} u_{rj}^d y_{rk} \geq 0, k=1,2,\ldots,n$$

$$\sum_{i=1}^{m} \omega_{ij}^d x_{ij} = 1 \qquad\qquad (8-5)$$

$$\alpha_d \times \sum_{i=1}^{m} \omega_{ij}^d x_{id} - \sum_{r=1}^{s} u_{rj}^d y_{rd} \leq 0$$

$$\omega_{ij}^d \geq 0, i=1,2,\cdots,m$$

$$u_{rj}^d \geq 0, r=1,2,\cdots,s$$

在模型公式（8-5）中，α_d 为参数，且满足 $\alpha_d \leq 1$。在 Liomg 等人开发的算法中，将模型公式（8-3）中的原始平均交叉效率值作为 α_d 初始值进行迭代，每次迭代都将得到新的 α_d，当连续 α_d 值之差收敛时所得到的最新 α_d 即为 DMU_j 的最优平均博弈交叉效率值。可以看出，相较于传统模型，模型公式（8-5）在最大化 DMU_j 的同时受到 DMU_d 应大于等于原平均交叉效率值的限制。

对于每个 DMU_j，求解 n 次模型公式（8-5），每次 $d=1,\cdots,n$。基于此，假设 $\mu_{rj}^{d*}(\alpha_d)$ 为模型公式（8-5）的最优解，则每个 DMU_j 的平均博弈交叉效率可由公式（8-6）得出。

$$\alpha_j = \frac{1}{n} \sum_{d=1}^{n} \sum_{r=1}^{s} u_{rj}^{d*}(\alpha_d) y_{rj} \qquad\qquad (8-6)$$

8.3 实证分析

8.3.1 变量说明

为了保持数据的一致性，本文选择了 2010～2016 年中国 28 个省、自治区、直辖市（因数据缺失，未将海南和西藏纳入其中，并把重庆并入四川）的投入、产出数据作为样本，数据主要来源于《中国统计年鉴 2017》《中国能源统计年鉴 2011》《中国能源统计年鉴 2017》和《中国国内生产总值核算历史资料（1952～2004）》。对投入、产出变量的具体阐述如下：

1. 资本投入

对于资本的核算，专家学者普遍采用"永续盘存法"来估计每年的实际资本存量，本书也采用此方法计算，计算见公式（8-7）：

$$K_{i,t} = I_{i,t} + \left(1 - \delta_{i,t}\right)K_{i,t-1} \qquad (8-7)$$

公式（8-7）中，i 指第 i 个省、市或自治区，t 指第 t 年，K 指资本存量，I 指投资，δ 指固定资产折旧率。在永续盘存法中，选择的基年越早，基年资本存量的估算误差对后续年份的影响就会越小，因此本文采用固定资产投资价格指数将 2010～2017 年的资本存量折算成按照 1952 年不变价格计算的相应数值。

2. 劳动力投入

采用当年城镇从业人员数作为劳动力投入指标，按照当年年末从业人员数与上一年年末从业人员数之和除以 2 来计算。

3. 能源投入

使用各省当年的能源消费总量来表示能源投入。

4. 期望产出

以各地区的实际 GDP 作为期望产出指标，为保证数据计算的可比性，按照 2010 年不变价格进行换算。

5. 非期望产出

选取 SO_2 排放量、CO_2 排放量、COD 排放量、氨氮排放量、烟粉尘排放量和固体废弃物排放量作为原始非期望产出指标，来表示生产对环境造成的影响。因为各年鉴上没有 CO_2 排放量的统计数据，因此采用节能与环保杂志社发行的《节能手册 2006》中提供的计算公式对 CO_2 排放量进行测算：CO_2 排放量等于含碳能源消费量乘以碳折算系数乘以 CO_2 气化系数，含碳能源消费量主要是指煤炭、石油、天然气消费量之和；CO_2 气化系数是一个标准量，为 3.67；碳折算系数采用的是国家发改委能源研究所制定的系数，为 0.67。由于 DEA 模型中选取的投入或产出指标不宜过多，故采用袁晓玲等人提出的改进的熵值法（袁晓玲等，2009），将 6 种污染排放指标综合成单一污染排放指标，并取该综合指标的倒数作为模型中的非期望产出指标。改进的熵值法计算方法如下：

（1）对不同非期望产出指标进行标准化处理

设 x_{ij} 表示第 i 个省的第 j 个指标值 $x_{ij}(i=1,\cdots,n; j=1,\cdots,m)$，则标准化处理后的指标值为公式（8-8）：

$$X'_{ij} = \frac{x_{ij} - x_{\min(j)}}{x_{\max(j)} - x_{\min(j)}} \times 40 + 60 \qquad (8-8)$$

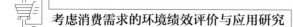

公式（8-8）中，x_{ij} 为指标初始值，$x_{\min(j)}$ 代表第 j 个指标中的最小值，$x_{\max(j)}$ 代表第 j 个指标中的最大值。

（2）确定 x_{ij} 的比重 R_{ij} 见公式（8-9）

$$R_{ij} = \frac{X'_{ij}}{\sum\limits_{i=1}^{m} X'_{ij}} \qquad (8-9)$$

（3）计算出第 j 个指标的熵值 e_j 见公式（8-10）

$$e_j = -\left(\frac{1}{\ln m}\right) \sum\limits_{i=1}^{m} R_{ij} \ln R_{ij} \quad 0 \leqslant e_j \leqslant 1 \qquad (8-10)$$

（4）计算 j 的差异系数 g_j 见公式（8-11）

$$g_j = 1 - e_j \qquad (8-11)$$

（5）确定指标 x_{ij} 的权重 ω_j 见公式（8-12）

$$\omega_j = \frac{g_j}{\sum\limits_{j=1}^{n} g_j} \qquad (8-12)$$

（6）最终计算第 i 个省的综合指标值 P_i 见公式（8-13）

$$P_i = \sum\limits_{j=1}^{n} \omega_j R_{ij} \qquad (8-13)$$

8.3.2 结果与讨论

本部分利用数学软件 Matlab 2018a，运用 DEA 博弈交叉效率模型对我国各省市 2010～2016 年的能源效率进行测算，得出各地区的能源效率值和分地区的平均效率值，结果见表8-1。

表8-1 效率评价结果

省份	2010	2011	2012	2013	2014	2015	2016	均值
北京	0.7497	0.7505	0.7560	0.8262	0.8440	0.8411	0.8306	0.7997
天津	0.9883	0.9756	0.9159	0.9920	0.9932	0.9938	0.9939	0.9790
河北	0.7961	0.7926	0.7724	0.8359	0.7947	0.7677	0.7482	0.7868
辽宁	0.9611	0.9541	0.9548	0.9615	0.9475	0.9374	0.9157	0.9474

省份	2010	2011	2012	2013	2014	2015	2016	均值
上海	0.7994	0.7813	0.7662	0.8344	0.8484	0.8189	0.7963	0.8064
江苏	0.9919	0.9905	0.9923	0.9875	0.9200	0.9149	0.9043	0.9573
浙江	0.9156	0.8879	0.8798	0.9168	0.948	0.9421	0.9318	0.9174
福建	0.9236	0.9033	0.8894	0.9395	0.9693	0.9589	0.9518	0.9337
山东	0.8325	0.8299	0.8116	0.9084	0.8753	0.8626	0.8467	0.8524
广东	0.9836	0.9659	0.9532	0.9476	0.9204	0.9117	0.9011	0.9405
山西	0.5894	0.6067	0.6074	0.6238	0.6002	0.5831	0.5725	0.5976
吉林	0.7245	0.7529	0.7766	0.8195	0.7792	0.7890	0.7851	0.7753
黑龙江	0.6448	0.6761	0.6915	0.7400	0.7565	0.7470	0.7395	0.7136
安徽	0.9840	0.9956	0.9876	0.9851	0.9895	0.9872	0.9836	0.9875
江西	0.7234	0.7169	0.7160	0.7499	0.7331	0.7124	0.6957	0.7211
河南	0.6839	0.6785	0.6696	0.7137	0.7063	0.6925	0.6792	0.6891
湖北	0.8084	0.8017	0.7954	0.8532	0.8510	0.8440	0.8225	0.8252
湖南	0.8543	0.8466	0.8544	0.9359	0.9605	0.9637	0.9594	0.9107
内蒙古	0.7509	0.7697	0.7516	0.8605	0.7980	0.7836	0.7671	0.7831
广西	0.8000	0.7850	0.7773	0.8216	0.8192	0.8050	0.7783	0.7981
四川	0.8134	0.8457	0.8734	0.8728	0.8522	0.8671	0.8664	0.8559
贵州	0.5994	0.6153	0.6162	0.6211	0.6153	0.6085	0.6031	0.6113
云南	0.8248	0.8299	0.8213	0.8261	0.8562	0.8678	0.8682	0.8420
陕西	0.6691	0.6774	0.6859	0.7194	0.6912	0.6720	0.6562	0.6816
甘肃	0.5285	0.7639	0.5495	0.5657	0.5216	0.5158	0.5128	0.5654
青海	0.9293	0.9088	0.8873	0.8448	0.7973	0.7870	0.7911	0.8494
宁夏	0.9090	0.9058	0.8949	0.8478	0.7950	0.7718	0.7739	0.8426
新疆	0.5625	0.5719	0.5618	0.5618	0.5325	0.5158	0.5004	0.5438

从各省市能源效率的平均值来看，天津、辽宁、江苏、浙江、福建、广东、安徽和湖南等几省的环境效率相对较高，而北京、上海两大一线城市的效率值反而不高，甘肃、新疆两地处于最低水平。可见，能源效率的高低和地区经济发达程度并无直接的相关性。

分地区来看，我国东部地区的能源效率最高，中部次之，西部最低（图8-1）。从绝对值来看，中西部地区的能源效率值普遍偏低，与东部地区存在较大差距。整体来说，在评价期间内，各地区能源效率变化不大，呈相对平稳的发展趋势，仅在2011年西部地区有一个大幅跳动。西部地区是我国重要的能源战略基地，长期以来能源开发与加工造成的环境污染问题十分严重，因而也是我国环境保护的关键地区。根据划分标准，每万元GDP能耗小于1吨标准煤，每万元GDP电耗小于1000亿千瓦时即属于能源利用效率较高的第一梯队，而西部地区各省基本属于能源利用效率较低的第三梯队，整体落后于全国平均水平。不过，这也恰恰说明了西部地区在节能减排方面存在巨大的改善空间。2011年是国家"十二五"规划的第一年，经过过去五年的努力，西部地区虽然整体效率水平仍然不高，但在节能减排方面已取得了明显的成效，致使能源效率有了一个显著的提升。

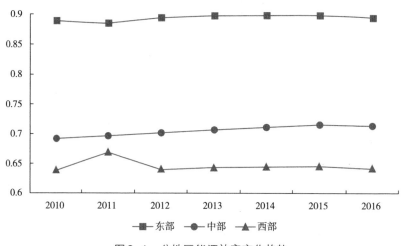

图8-1 分地区能源效率变化趋势

再以2010等和2016等两年为例，对各省市的能源效率值做一个比较分析，结果如图8-2所示。在所有的28个省市中，能源效率有所增长的省份不足半数，其中北京、天津、浙江等10个省市能源效率小幅增长，吉林、湖南、四川三省效率增长显著。在其他效率下降的省份中，江苏、广东、青海、宁夏四省的降幅较大，尤其是青海，从2010年的0.9293减少到了2016年的0.7911，降幅高达14.87%。在"十三五"期间，这些地区应着重加强能源使用效率和污染物排放与治理工作，从节能和减排两个方面促进能源效率的提升。

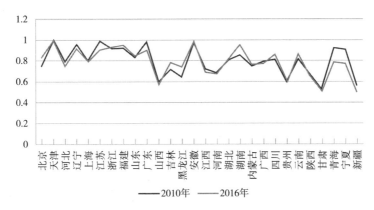

图 8-2　2010 年和 2016 年各省能源效率变化趋势

基于以上对各省市、分地区的能源效率计算结果，以及能源效率的发展变化趋势，提出以下政策建议：

1. 调整产业结构，淘汰落后产能和"三高"行业

导致能源效率低下的重要原因之一便是产能落后、高消耗、高污染和高排放产业所占比重偏高，致使资源、能源消耗过大，资本使用效率低下，经济增长缓慢，众多省份长期依赖和发展高能耗产业。为此，政府应当深化供给侧结构性改革，完善产业政策，鼓励产业升级，向低碳环保、高附加值产业倾斜，清理大量占用资源的"僵尸企业"，关停"三高"企业，同时发挥市场在资源配置中的作用，淘汰落后产业，优化产业结构，促进产业健康发展。

2. 优化要素投入结构，实现生产要素高效投入

长期以来，我国主要依赖于劳动力、土地和自然资源等一般生产要素来实现经济增长，但步入中等收入国家行业后，人口红利逐渐下降，资源环境约束不断增强，技术、人才、知识等要素对经济发展的重要性愈发凸显。政府必须加快科技、教育等领域的制度改革，加大人才培养力度，提升劳动者素质，改善劳动结构，提升人力资本，并且增强能源科技创新活力，着力利用先进技术改造传统能源产业，发展环保高效的新兴能源产业，优化要素投入结构，提升投入要素的综合效率，从而有效提升能源效率。

3. 推进创新驱动战略，继续在降低能耗、减少污染方面发力

中国经济发展已经进入新常态，但能源资源利用过程中一直存在粗放、低效使用和废弃物排放比重过大等问题，严重的阻碍了能源效率的提高。已有学者指出，实现供给体系总体效率的提升，必须推进供给侧结构性改革，以创新为第一推动力，促进现代化创新发展。因此，政府要继续推进创新驱动发展战略，深化科技体制改革，加快高耗能产业的技术升级，降低能源消耗，发展清洁高效的能源技术，推动核能、风能、太阳能等清洁能源技术的研发与推广。同时，完善节能减排相关法规政策，强化对节能减排的监督，做好资源环境管理能力建设工作，提高全要素能源效率，促进经济健康高速发展。

4.推动地区间协同发展，促进能源效率整体水平的提升

我国各省份资源禀赋不同，经济结构和发展模式也有所差异，在能源效率的表现上差异巨大。要想整体提升我国的能源效率水平，必须首先解决各区域间的均衡发展问题。在当前"一带一路"大背景下，西部地区应抓住机遇，积极响应国家西部大开发号召，并在国家政策扶持下，进一步加强地区间的交流合作，提升中西部地区能源和经济的协同发展，促进我国能源效率整体水平的提升。

本书的第4章和第6章均从消费需求角度出发，探讨消费与资源环境、消费与环境效率的关系。本章则从生产角度出发，讨论环境效率的其中一种表现形式——能源效率的评价以及造成能源效率低下的可能原因。这三章的内容互为补充，能够合成一个研究环境效率的完整框架。

第9章

结语

9.1 全书总结

以往发达国家发展经济走的是"先污染后治理"之路，以牺牲环境换取经济的持续快速发展，而我们国家过去几十年的高速发展也是以牺牲环境为代价的。雾霾、沙尘暴、土地沙化等环境问题成为全球人类共同的痛，水污染、土壤酸化、全球变暖等问题也在威胁着生态系统的平衡，地球上的生物都在承受着环境污染之重。面对环境污染，没有人是无辜的，面对环境治理，每个人都义不容辞。

随着对环境问题的了解与认识越来越深入，人类开始反思过去的发展模式，并力图探索一条经济和环境保护协调发展的新道路，所做的尝试诸如建立完善的环境法律体系并严格执行，进行经济结构调整、转变发展方式，鼓励国民勤俭节约、加强环保意识等，并取得了一些成效。党的十六大以来，我国提出社会主义科学发展观、构建资源节约型和环境友好型的和谐社会，并在不断积极探索环境保护的新思路、新举措。党的十八大更是明确提出要大力推进生态文明建设，把可持续发展提升到绿色发展的战略高度，秉持尊重自然、顺应自然、保护自然的理念，将经济发展方式转变为绿色发展、循环发展和低碳发展。党的十九大报告指出，我国经济已由高速增长阶段转向高质量发展阶段，正处在转变发展方式、优化经济结构、转换增长动力的攻关期，迫切需要建设现代化的经济体系，以实现社会主义各项事业的全面均衡发展。

经济的快速发展和数字革命的到来极大地改变了人们的消费方式，并使消费者在市场中拥有更多的选择权和控制权，这种改变通过市场机制传递到生产一方，对企业生产、资源使用以及污染物排放无不产生重大影响。但是，当论及环境问题时，人们往往先入为主地认为是化工企业排放了太多的废气，造纸企业排放了过量的废水，工厂不合理的资源利用，电力企业能源结构不合理以及能源利用效率低下等原因造成的，很少有人追究产品消费者（无论生产性消费还是生活性消费）的责任。归根结底，环境问题始于人与自然相互作用过程中产生的矛盾，是不合理的资源利用方式和经济增长模式的产物，它不是某个国家、某个人的问题，而与全球经济结构、生产方式和消费模式密切相关。因此，必须从国家、企业、消费三方入手，形成合力，才能产生积极的效果。

长期以来，控制人口数量被当作减轻资源环境压力的方式之一。联合国就曾在世界人口日前呼吁增加对计划生育的投资，以推进消除贫困、减缓人口增长、减轻环境压力的进程。但从我国当前的现实情况来看，人口老龄化、男女比例失调、劳动力迅速减少等诸多问题已经摆在面前，国家层面开始逐步调整生育政策，鼓励生育。此外，中国已进入全面小康阶段，人民的消费能力不断增强、消费意识逐渐转变、消费结构升级、消费层次提高等都促进了我国整体消费水平的提升。尽管当前我国经济转入中低速增长阶段，但高质量仍是将来我国经济蓬勃发展的助推器，居民消费水平也会进一步提升，资源环境的负荷也会进一步加重。因此，我们必须深入了解居民消费与资源环境之间的关系，才能为可持续发展提供可靠建议。

本书从消费角度入手，在现有的环境效率评价框架内引入消费需求因素，定性分析了消费与资源环境的关系，借助 STIRPAT 模型定量分析了消费水平与生态环境压力之间的关系。在传统环境效率评价理论的基础上，增加了消费需求的约束，考察其对效率评价及效率改善的影响。以效率为中介，进一步探讨生产和消费的耦合性问题，并以我国 2006～2015 年的统计数据做定量分析。最后，对我国各省市的能源效率展开了系统研究，并结合实际情况分析影响其能源效率的主要因素，为各地区有针对性地制定能源政策提供科学依据。所得主要结论如下：

①我国各类资源储量丰富，但人均资源拥有量偏低，尤其是人均水资源十分匮乏；能源消费长期以煤炭为主，能源消费结构并不合理，能源生产与能源消费之间的矛盾不断凸显；废弃物排放量逐步得到控制，污染治理工作取得一定成效，但总体上我国的环境现状并不乐观，过去几十年的粗放式发展给环境造成的影响是深远的，建设美丽中国仍任重而道远。

②随着可支配收入的增加，我国居民消费水平在过去几十年里发生了翻天覆地的变化，不仅带来了消费数量的快速增加，也使得消费质量稳步提升、消费结构明显改善。尤其是 1991 之后，消费指数呈跳跃式增长，农村、城镇和全国的消费指数变化幅度趋同。但从绝对值来看，城乡居民消费间始终存在着差距，并呈现出逐渐扩大的发展趋势，农村消费增长动力明显不及城镇。分地

区来看，中西部地区各省消费指标变化较大，而东部地区变化相对平稳。在消费结构上，各项消费支出均有所增加，其中居民花在吃穿用上的支出在总消费中所占比重大幅下降，而花在住房、交通通信、文化娱乐、医疗保健上的比重明显增加，说明居民普遍开始注重生活质量的提升。

③以资源环境综合指数作为衡量生态环境压力的指标，用我国2006～2016年的统计数据做回归分析，结果表明居民消费水平与生态环境压力之间确实存在着一种长期的均衡关系，在一定时期内，生态环境压力会随着居民消费水平的增加而增加，而当达到某一"拐点"后，生态环境压力会随着居民消费水平的增加而减少，即呈现出倒U型的二次函数关系。结合环境库兹涅茨曲线，我国已开始进入倒U型的后半部分，这意味着生态环境压力将会随着居民消费水平的提高而下降，也即随着我国富裕程度的提高而降低。

④"十一五"和"十二五"的十年间，我国居民消费水平和环境效率耦合关系逐渐增强，发展愈加协调，但整体耦合协调程度不高，处于过渡阶段，尚未达到良好的协调发展状态。从各省的耦合情况来看，大部分地区在多数年份里表现为轻度失调衰退型，说明各省市在经济发展和环境保护方面仍面临着巨大的压力，需根据各省不同的地理位置特征和产业结构特征找出具有针对性的改进措施，因地制宜地提升消费和环境的协调发展程度。

⑤二手商品具有正外部性，通过其交易可实现商品的重复利用，有利于节约自然资源。以二手商品的买卖双方为参与人，构建博弈矩阵求解纳什均衡，得出的结论是——当二手商品价格低于全新商品价格的三分之二时，消费者更倾向于购买二手产品。随着现在技术进步速度的加快，新产品迭代周期不断缩短，人们也更追求款式的新颖。对于二手商品卖方来说，应当尽早将闲置的商品投入二手市场，且在定价上最好不要超过新产品价格的三分之二。政府也应鼓励消费者购买二手商品以及制定相应政策，在存在商品外部性的市场上积极发挥引导和监督职能，弥补市场缺陷。

⑥在2010～2016年的研究期内，我国能源效率地区发展不均衡，东部地区的能源效率最高，中部次之，西部最低。从绝对值来看，中西部地区的能源效率值普遍偏低，与东部地区存在较大差距。整体来说，在评价期间内，各地区能源效率变化不大，呈相对平稳的发展趋势。

9.2　不足与展望

在本书的撰写过程中，由于数据资料收集的困难以及精力和学识的局限，仍有诸多不足之处，有待今后进一步补充和完善。

①当前分析均从宏观角度展开，以全国或各省市为计算对象，没有对消费群体进行更深入的细分，而个体在消费水平和消费结构上都存在明显的差异性。未来若能以不同消费群体为研究对象，按照年龄、职业、收入、受教育程度等人口特征加以区分，探讨不同类型消费者作用于资源环境的压力状态，则可大大提升研究的精确度，也有利于找出不同消费群体影响资源环境的重点方面，为消费者层面的节能减排行动提供更有针对性的建议，为国家层面优化消费环境、引导绿色消费提供参考信息。

②本书分别对反弹效应和环境效率及其评价展开讨论，尽管反弹效应已被证实是确实存在的，会抵消一部分技术进步带来的好处，也会导致效率值的高估，但是，有关反弹效应的实验证据很难获得，因为目前还没有有效的方法来测量效率提升所带来的间接影响，致使消费水平提高引致的反弹效应及其分解分析部分的工作尚未应用到环境效率的评价中。未来可借鉴国内外先进的研究手段，进一步完善此方面的研究。

③促进居民树立绿色消费理念，保障消费的可持续性是一项综合工程，应通过消费观念、消费方式、消费物品等方面的转变才能实现。本书主要从消费数量这个方面进行探讨，暂未涉及居民消费观念、消费方式等方面的影响。如购买食品时选择绿色食品、有机食品，购买电器时选择节能产品，使用清洁能源，适度消费、减少铺张浪费等，都有利于减少资源浪费和污染物排放。未来可进一步在此方面进行拓展，促进消费者形成良好的消费意识和消费习惯，优化消费环境。

参考文献

[1] Allan G, Hanley N, Mcgregor P, et al. The impact of increased efficiency in the industrial use of energy: A computable general equilibrium analysis for the United Kingdom[J]. Energy Economics, 2007, 29(4):779-798.

[2] Ayalon O, Avnimelech Y, Shechter M. Application of a comparative multidimensional life cycle analysis in solid waste management policy: the case of soft drink containers[J]. Environmental Science & Policy, 2000, 3: 135-144.

[3] Barker T P. The macro-economic rebound effect and the UK economy[J]. Energy Policy, 2007 (35):4935-4946.

[4] Berkhout P H G , Muskens J C , Velthuijsen J W. Defining the rebound effect[J]. Energy Policy, 2000, 28(6):425-432.

[5] Bevilacqua M, Braglia M. Environmental efficiency analysis for ENI oil refineries [J]. Journal of Cleaner Production, 2002, 10(1): 85-92.

[6] Bian Y, Yan S, Xu H. Efficiency evaluation for regional urban water use and wastewater decontamination systems in China: A DEA approach[J]. Resources, Conservation and Recycling, 2014, 83: 15-23.

[7] Bian Y, Yang F. Resource and environment efficiency analysis of provinces in China: a DEA approach based on Shannon's entropy[J]. Energy Policy, 2010, 38(4): 1909-1917.

[8] Binswanger M. Technological Progress and Sustainable Development: What About the Rebound Effect?[J]. Ecologial Economics, 2001, 36 (1): 119-32.

[9] Birdsal N. Another Look at Population and Global Warming: Population, Health and Nutrition Policy Research. Working Paper, Washington, D.C.: World Bank,

1992.

[10] Bishop, A B, Fullerton H H, Crawford A B, et al. Carrying capacity in regional environment management[M].Washington: Government printing office,1974.

[11] Bosseboeuf D, Chateau B, Lapillonne B. Cross-country comparison on energy efficiency indicators: the on-going European effort towards a common methodology[J]. Energy Policy, 2007, 25(7-9):673-682.

[12] Brookes L. The greenhouse effect: the fallacies in the energy efficiency solution [J]. Energy Policy, 1990, 18(2):199-201.

[13] Callan S J, Thomas J M. Environmental economics & management: theory, policy, and applications, 3rd ed[M]. Thomson Learning, 2006.

[14] Charnes A, Cooper W W, Rhodes E. Measuring the efficiency of decision making units[J]. European Journal of Operational Research, 1978, 2:429-444.

[15] Chen S T, Kuo H I, Chen C C.The relationship between GDP and electricity consumption in 10 Asian countries[J]. Energy Policy, 2007, 35(4): 2611-2621.

[16] Chimeli A B, Braden J B. Total factor productivity and the environmental Kuznets curve[J]. Journal of Environmental Economics & Management, 2005, 49(2): 366-380.

[17] Chitnis M, Sorrell S, Druckman A, et al. Who rebounds most? Estimating direct and indirect rebound effects for different UK socioeconomic groups[J]. Ecological Economics, 2014, 106:12-32.

[18] Chung Y H, Färe R, Grosskopf S. Productivity and Undesirable Outputs: A Directional Distance Function Approach[J]. Journal of Environmental Management, 1997, 51: 229-240.

[19] Dalton M, O' Neill B, Prskawetz A, et al. Population aging and future carbon emissions in the United States[J]. Energy economics, 2008, 30(2): 642-675.

[20] Dasgupta, Susmita, Laplante, et al. Confronting the Environmental Kuznets Curve[J]. Journal of Economic Perspectives, 2002, 16(1):147-168.

[21] David S. The implications of population growth and urbanization for climate change [J]. Environment & Urbnization, 2009, 21(2):545-567.

［22］De Bruyn S M, Opschoor J B. Developments in the throughput-income relationship: theoretical and empirical observations［J］. Ecological Economics, 1997, 20(3): 255-268.

［23］Dietz T, Rosa E A. Rethinking the environmental impacts of population,affluence and technology［J］. Human ecology review, 1994(1): 277-300.

［24］Dimitropoulos J. Energy productivity improvements and the rebound effect: An overview of the state of knowledge［J］. Energy Policy, 2007, 35(12):6354-6363.

［25］Doyle J, Green R. Efficiency and cross efficiency in DEA: Derivations, meanings and the uses［J］. Journal of the Operational Research Society, 1994, 45(5):567-578.

［26］Dufournaud C M, Quinn J T, Harrington J J. An applied general equilibrium analysis of a policy designed to reduce household consumption of wood in Sudan ［J］. Resource and Energy Economics, 1994, 16:67-90.

［27］Ehrlich P R, Holdren J P. The impact of population growth［J］. Science, 1971, 171: 1212-1217.

［28］Färe R, Grosskopf S, Hernandez-Sancho F. Environmental performance: an index number approach［J］. Resource & Energy Economics, 2004, 26(4): 343-352.

［29］Färe R, Grosskopf S, Lovell C A K, et al. Multilateral productivity comparisons when some outputs are undesirable: A nonparametric approach［J］. The Review of Economics and Statistics, 1989, 71(1): 90-98.

［30］Färe R, Grosskopf S, Pasurka Jr C A. Environmental production function and environmental directional distance function［J］. Energy,2007,32(7):1055-1066.

［31］Finnveden G, Ekvall T. Life-cycle assessment as a decision-support tool—the case of recycling versus incineration of paper［J］. Resources, Conservation and Recycling, 1998, 24: 235-256.

［32］Freeman A M, Haveman R H, Kneese A V. Economics of environmental policy ［M］. New York: John Wiley and Sons, Inc,1973.

［33］Galeotti M, Lanza A. Desperately seeking environmental Kuznets［J］. Environmental Modelling & Software, 2005, 20(11):1379-1388.

［ 34 ］ Gardner T A, Joutz F L. Economic Growth, Energy Prices and Technological Innovation[J]. Southern Economic Journal, 1996, 62(3):653–666.

［ 35 ］ Gómez-López M D, Bayo J, García-Cascales M S, et al. Decision support in disinfection technologies for treated wastewater reuse[J]. Journal of Cleaner Production, 2009, 17(16):1504–1511.

［ 36 ］ Greening L A, Greene D L, Difiglio C. Energy efficiency and consumption—the rebound effect—a survey[J]. Energy Policy, 2000, 28(6/7):389–401.

［ 37 ］ Grossman G M, Krueger A B. Economic growth and the environment[J]. The quarterly journal of economics, 1995, 110(2):353–377.

［ 38 ］ Gupta S, Ogden D T. To Buy or not to Buy? A Social Dilemma Perspective on Green Buying[J]. Journal of Consumer Marketing, 2009, 26(6):376–391.

［ 39 ］ Hanley N, Mcgregor P G, Turner K, et al. Do increases in resource productivity improve environmental quality and sustainability?[J]. Ecological Economics, 2008.

［ 40 ］ Hanley N, McGregor P G, Swales J K, et al. Do increases in energy efficiency improve environmental quality and sustainability?[J]. Ecological Economics, 2009, 68(3):692–709.

［ 41 ］ Haynes K E, Ratick S, Bowen W M, et al. Environmental decision models: US experience and a new approach to Pollution management[J]. Environment Intornational, 1993.19(30):261–275.

［ 42 ］ Herring G C . From colony to superpower: U.S. foreign relations since 1776 [J]. History, 2012, 97(327):530–532.

［ 43 ］ Holm S O, Englund G. Increased ecoefficiency and gross rebound effect: Evidence from USA and six European countries 1960－2002 [J]. Ecological Economics, 2009, 68(3): 879–887.

［ 44 ］ Howartj R B. Energy efficiency and economil growth[J]. Contempt Economic Pobicy, 1997(4):1–9.

［ 45 ］ Hu J L, Wang S C. Total-factor energy efficiency of regions in China[J]. Energy Policy, 2006, 34(17):3206–3217.

［ 46 ］ Huang C C, Ma H W. A multidimensional environmental evaluation of packaging

[J]. Science of the Total Environment, 2004, 324:161-172.

[47] Huesemann M H. The limits of technological solutions to sustainable development [J]. Clean Technologies and Environmental Policy, 2003, 5(1):21-34.

[48] ISAR. 企业环境业绩和财务业绩指标的结合[M]. 刘刚, 高轶文, 译. 北京: 中国财政经济出版社, 2003.

[49] Jevons W S. The coal question: can Britain survive?[M]. London: Macmillan, 1866.

[50] Jin J, Zhou D, Zhou P. Measuring environmental performance with stochastic environmental DEA: The case of APEC economies[J]. Economic Modelling, 2014, 38: 80-86.

[51] Jorgenson D, Wilcoxen P. Energy prices, productivity and economic growth[J]. Annual Review of Energy and Environment, 1993, 18:343-395.

[52] Karl T R, Jones P D. Comments on "Urban Bias in Area Averaged Surface Air Temperature Trends" Reply to GM Cohen[J]. Bulletin of the American Meteorological Society,1990,71:571-574.

[53] Kaufmann R K, Davidsdottir B, Garnham S, et al. The determinants of atmospheric SO_2 concentrations: reconsidering the environmental Kuznets curve [J]. Ecological Economics, 1998, 25(2):209-20.

[54] Khazzoom J D. Economic implications of mandated efficiency in standards for household appliances[J]. The Energy Journal, 1980, 1(4): 21-40.

[55] Kirkpatrick N. Selecting a waste management option using a life cycle analysis approach[J]. Packaging Technology and Science, 1993, 6: 159-172.

[56] Knapp T, Mookerjee R. Population Growth and Global CO_2 Emissions[J]. Energy Policy, 1996, 24:31-37.

[57] Kneese A V, Robert U A, Ralph C A. Economics and the Environment: A Materials Balance Approach[M]. Baltimore: The Johns Hopkins Press, 1970.

[58] Koopmans. Activity analysis of production and application[M]. New York: Wiley,1951

[59] Kortelainen M. Dynamic environmental performance analysis: A Malmquist index approach[J]. Ecological Economics, 2008, 64(4): 701-715.

［60］Kwon T H. Decomposition of factors determining the trend of CO_2 emissions from car travel in Great Britain (1970–2000)［J］. Ecological Economics, 2005, 53 (2): 261–275.

［61］Lenzen M, Murray S A. A modified ecological footprint method and its application to Australia［J］. Ecological Economics, 2001, 37(2): 229–255.

［62］Liang L, Jie W, Wade D C, Joe Z. The DEA game cross–efficiency model and its Nash equilibrium［J］. Operations Research, 2008, 56(5):1278–1288.

［63］List J A, Gallet C A. The environmental Kuznets curve: does one size fit all? ［J］. Ecological Economics, 1999, 31(3):409–423.

［64］Liu W B, Meng W, Li X X, et al. DEA models with undesirable inputs and outputs［J］. Annals of Operations Research, 2010, 173: 177–194.

［65］Lozano S, Lribarren D, Moreira M T, et al. The link between operational efficiency and environmental impacts: A joint application of Life Cycle Assessment and Data Envelopment Analysis［J］. Science of the Total Environment, 2009, 407(5): 1744–1754.

［66］Mimouni M, Zekri S, Flichman M. Modelling the trade–offs between farm income and the reduction of erosion and nitrate pollution［J］. Annals of Operations Research, 2000, 94: 91–103.

［67］Montanari R. Environmental efficiency analysis for enel thermo–power plants［J］. Journal of Cleaner Production, 2004, 12:403–414.

［68］OECD. Eco–efficiency［M］. Pairs:OECD,1998.

［69］Panayotou T. Conservation of biodiversity and economic development: The concept of transferable development rights［J］. Environmental and Resource Economics, 1994, 4(1):91–110.

［70］Patterson M G. What is energy efficiency? Concepts, indicators and methodological issues［J］. Energy Policy, 1996, 24(5):377–390.

［71］Rees W E. Ecological footprints and appropriated carrying capacity: what urban economics leaves out［J］. Environment & Urbanization, 1992, 4:121–130.

［72］Reinhard S, Lovell C A K, Thijssen G. Econometric estimation of technical and environmental efficiency: An application to Dutch dairy farms［J］. American Journal of

Agricultural Economics, 1999, 81(1):44–60.

[73] Reinhard S, Lovell C A K, Thijssen G. Environmental efficiency with multiple environmentally detrimental variables; estimated with SFA and DEA[J]. European Journal of Operational Research, 2000,121:287–303.

[74] Røpke I. Consumption in ecological economics[J]. International Society for Ecological Economics/Internet Encyclopaedia of Ecological Economics, 2005: 1–19.

[75] Saunders H D. A view from the macro side: rebound, backfire, and Khazzoom–Brookes[J]. Energy Policy, 2000, 28(6):439–449.

[76] Saunders H D. The khazzoom–Brookes postulate and neoclassical growth[J]. The Energy Journal, 1992,13(4):131–137.

[77] Schaltegger S, Sturm A. Environmental rationality[J]. Die Unternehmung, 1990,4:117–131.

[78] Scheel H. Undesirable outputs in efficiency valuations[J]. European Journal of Operational Research, 2001, 132(2): 400–410.

[79] Schipper L, Barflett S. Hnking Life – styles and Energy Use:A Matter Time? [J]. Annual Review of Energy, 1989(14):271 – 320.

[80] Schulze P C. I=PAT[J]. Ecological Economics, 2002, 40: 149–150.

[81] Seiford L M, Zhu J. Modeling undesirable factors in efficiency evaluation[J]. European Journal of Operational Research, 2002, 142: 16–20.

[82] Semboja H H H. The effeets of an imorease in energy efficiency on the kenyan econmy[J]. Energy policy,1994,22(3):217–225.

[83] Sexton T R. Data Envelopment Analysis: Critique and Extensions[M].//Silkman R H. Measuring Efficiency: An Assessment of Data Envelopment Analysis. San Francisco: Jossey–Bass, 1986(32):73–105.

[84] Shephard R W. Cost and production functions[M]. Princeton: Princeton University Press, 1953.

[85] Shephard R W. Theory of cost and production functions[M]. Princeton: Princeton University Press, 1970.

[86] Song M L, Zhang W, Wang S H. Inflection point of environmental Kuznets curve

in Mainland China[J]. Energy policy, 2013, 57: 14–20.

[87] Song M, Song Y, An Q, et al. Review of environmental efficiency and its influencing factors in China:1998 – 2009 [J]. Renewable and Sustainable Energy Reviews, 2013, 20: 8–14.

[88] Sorrell S, John D, Matt S. Empirical Estimates of the Direct Rebound Effect: A Review[J]. Energy Policy, 2009, 37(4):1356–1371.

[89] Sue W I, Eckaus R S. Explaining Long–Run Changes in the Energy Intensity of the U.S. Economy[J]. Mit Joint Program on the Science & Policy of Global Change, 2004:1–41.

[90] Tone K, Tsutsui M. Applying an efficiency measure of desirable and undesirable outputs in DEA to U.S. electric utilities[J]. Journal of CENTRUM Cathedra, 2011, 2:236–249.

[91] Turner K. Negative rebound and disinvestment effects in response to an improvement in energy efficiency in the UK economy[J]. Sire Discussion Papers, 2009, 31(5):648–666.

[92] Tyteca D. On the Measurement of the Environmental Performance of Firms: A Literature Review and a Productive Efficiency Perspective[J]. Journal of Environmental Management, 1996, 46: 281–308.

[93] Vehmas J, Luukanen J, Kavion–oja J. Technology development versus economic growth–an analysis of sustainable development. In EU–US seminar: New technology foresight, Forecasting & Assessment methods, Seville, 2004.

[94] Vencheh A H, Matin R K, Kajani M T. Undesirable factors in efficiency measurement[J]. Applied Mathematics and Computation, 2005, 163:547–552.

[95] Vikström P. Energy efficiency and Energy Demand: A Historical CGE Investigation on the Rebound Effect in the Swedish Economy 1957 [J]. Economic History, 2008:1–25.

[96] Wackernagel M, Rees W E. Our ecological footprint: reducing human impact on the earth[M]. Gabriola Island: New Society Publishers,1996.

[97] Wackernagel M, Yount J D. The Ecological Footprint: an Indicator of Progress Toward Regional Sustainability[J]. Environmental Monitoring and Assessment,

1998, 51:511-529.

[98] Waggoner P E, Ausube J H. A framework for sustainability science: a renovated IPAT identity[J]. Proceedings of the National Academy of Science, 2002, 99 (12): 7860-7865.

[99] Watanabe M, Tanaka K. Efficiency analysis of Chinese industry: A directional distance function approach[J]. Energy Policy, 2007, 35(12):6323-6331.

[100] Xin R. Development of environment performance indicators for textile process and product[J]. Journal of Cleaner Production, 2000(8):473-481.

[101] Yeh T L, Chen T Y, Lai P Y. A comparative study of energy utilizatino efficiency between Taiwan and China[J]. Energy Policy, 2010, 38(5): 2386-2394.

[102] Young W, Hwang K, McDonald S, et al. Sustainable Consumption: Green Consumer Behaviour when Purchasing Products[J]. Sustainable Development, 2010, 18(1): 21-30.

[103] Zaichkowsky J L. Measuring the involvement construct[J]. Journal of consumer research, 1985:341-352.

[104] Zhang T, Xue B D. Environmental Efficiency Analysis of China's Vegetable Production[J]. Biomedical and Environmental Sciences, 2005, 18:21-30.

[105] Zhang T. Frame Work of Data Envelopment Analysis-A Model to Evaluate the Environmental Efficiency of China's Industrial Sectors[J]. Biomedical and Environmental Sciences, 2009, 21:8-13.

[106] Zhou P, Ang B W, Han J Y. Total factor carbon emission performance: a Malmquist index analysis[J]. Energy Economics, 2010, 32(1): 194-201.

[107] Zhou P, Ang B W, Wang H. Energy and CO_2 emission performance in electricity generation: A non-radial directional distance function approach[J]. European Journal of Operational Research, 2012, 221(3): 625-635.

[108] Zhou Y, Xing X, Fang K, et al. Environmental efficiency analysis of power industry in China based on an entropy SBM model[J]. Energy Policy, 2013, 57: 68-75.

[109] 阿尔弗雷德·阿德勒. 自卑与超越[M]. 马晓佳,译. 北京:民主与建设出

版社,2017.

[110] 鲍健强,苗阳,陈锋.低碳经济:人类经济发展方式的新变革[J].中国工业经,2008(4):153-160.

[111] 鲍全盛,王华东,曹利军.中国河流水环境容量区划研究[J].中国环境科学,1996,16(2):87-91.

[112] 卞亦文.基于DEA的多部门结构的决策单元的环境效率评价[J].系统工程,2007,165(9):80-84.

[113] 卞亦文.基于DEA的环境绩效评价研究现状及拓展方向[J].商业时代,2009(6):64-65.

[114] 蔡艳荣.环境影响评价[M].北京:中国环境科学出版社,2004.

[115] 曹金根.排污权交易法律规制研究[D].重庆:重庆大学,2017.

[116] 曹颖,曹国志.中国省级环境绩效评估指标体系的构建[J].统计与决策,2012(22):9-12.

[117] 曾建平.自然之境:"消费—生态"悖论的伦理探究[M].北京:中国人民大学出版社,2018.

[118] 常媛,熊雅婷,王美玲.外部价值链视角下企业环境绩效评价指标设计[J].财务会计,2016(26):44-47.

[119] 陈栋为.水资源消费结构变化及其对水资源承载力演化的影响研究[D].贵阳:贵州师范大学,2007.

[120] 陈会英,周衍平.中国农民消费演化规律研究[J].消费经济,1996,4:49-53.

[121] 陈啸.环境污染第三方治理法律机制的构建[D].西安:长安大学,2017.

[122] 陈璇,淳伟德.企业环境绩效综合评价:基于环境财务与环境管理[J].社会科学研究,2010(6):38-42.

[123] 邓国用,刘阳.低碳消费与中国居民消费方式变革[J].消费经济,2011(3):59-62.

[124] 丁焕峰,李佩仪.中国区域污染与经济增长实证:基于面板数据联立方程[J].中国人口·资源与环境,2012,22(1):49-56.

[125] 甘昌盛.我国企业环境绩效评价指标体系的研究现状与建议[J].中国人口·资源与环境,2012,22(S2):123-126.

[126] 高飞.河北省经济与环境协调发展研究[D].石家庄:石家庄经济学院,

2014.

［127］耿莉萍.我国居民消费水平提高对资源、环境影响趋势分析［J］.中国人口•资源与环境，2004(1):41-46.

［128］龚新梅，潘晓玲，任光耀.污染排放造成的外部性分析及其对资源配置的影响［J］.新疆环境保护，2003，25(3):27-29.

［129］国家统计局.居民生活水平不断提高，消费质量明显改善［N］.2018.

［130］国涓，郭崇慧，凌煜.中国工业部门能源反弹效应研究［J］.数量经济技术经济研究，2010，27(11):114-126.

［131］洪翩翩.工业化与环境危机［J］.环境教育，2013(4):24-26.

［132］胡健，李向阳，孙金花.中小企业环境绩效评价理论与方法研究［J］.科研管理，2009，30(2):150-156,165.

［133］黄纯灿，胡日东.基于哈罗德中性技术进步的反弹效应及能源政策建议［J］.华侨大学学报(哲学社会科学版)，2015(2):44-52.

［134］黄晓波，冯浩.环境绩效评价及其指标标准化方法探析［J］.财会月刊，2007(2):28-29.

［135］贾研研.环境绩效评价指标体系初探.重庆工学院学报［J］.2004，2:74-76.

［136］江华.论我国经济增长与国民消费演进［J］.中国软科学，1997(11):111-114.

［137］靳相木，柳乾坤.基于三维生态足迹模型扩展的土地承载力指数研究——以温州市为例［J］.生态学报，2016:2982-2993.

［138］经济日报《BP世界能源统计年鉴》2019年版发布［EB/OL］.2019.

［139］鞠芳辉，董云华，李凯.基于模糊方法的企业环境业绩综合评价模型［J］.科技进步与对策，2002(3):93-95.

［140］兰德尔.资源经济学［M］.北京:商务印书馆，1989.

［141］李朝洪，赵晓红.关于中国林业生态建设的思考［J］.林业经济，2018，40(5):3-9.

［142］李翀.论供给侧改革的理论依据和政策选择［J］.经济社会体制比较，2016(1):9-18.

［143］李崇茂，高迪，聂锐，等.煤炭企业社会—环境绩效评价体系研究［J］.中国煤炭，2016，42(9):5-8,15.

［144］李明奎,石磊,谭雪.国家级新区环境绩效评估指标体系构建与应用初探［J］.环境保护,2016,44(23):31-34.

［145］李寿德,柯大纲.环境外部性起源理论研究述评［J］.经济理论与经济管理,2000(5):63-66.

［146］李淑芹,孟宪林.环境影响评价［M］.北京:化学工业出版社,2011.

［147］李雪菲.四川省水资源分布及承载力评价研究［D］.成都:西南交通大学,2012.

［148］李洋.居民消费对能源消耗的动态影响检验［J］.商业经济研究,2015(12):52-54.

［149］李一.纺织产业经济增长中的水脱钩问题研究［D］.杭州:浙江理工大学,2018.

［150］廖慧璇,籍永丽,彭少麟.资源环境承载力与区域可持续发展［J］.生态环境学报,2016,25(7):1253-1258.

［151］廖重斌.环境与经济协调发展的定量评判及其分类体系——以珠江三角洲城市群为例［J］.热带地理,1999,19(2):171-177.

［152］林积泉,王伯铎,马俊杰,等.能源重工业区大气环境容量与大气环境整治研究［J］.环境工程,2005,23(4):79-82.

［153］刘建胜.循环经济视角下的企业环境绩效评价指标体系设计［J］.商业会计,2011(11):31-32.

［154］刘军,卓玉国.PPP模式在环境污染治理中的运用研究［J］.经济研究参考,2016(33):40-42.

［155］刘丽敏,底萌妍.企业环境绩效评价方法的拓展:模糊综合评价［J］.统计与决策,2007(17):150-151.

［156］刘学之,黄敬,王玉.基于DEA交叉效率模型的钢铁行业能源效率分析［J］.管理世界,2017(10):182-183.

［157］刘宇,周梅芳,王毅.基于能源类型的中国反弹效应测算及其分解［J］.中国人口·资源与环境,2016,26(12):133-139.

［158］刘源远,刘凤朝.基于技术进步的中国能源消费反弹效应——用省际面板数据的实证检验［J］.资源科学,2008(9):1300-1306.

［159］马海良,黄德春,姚惠泽.中国三大经济区域全要素能源效率研究——基

于超效率 DEA 模型和 Malmquist 指数［J］. 中国人口·资源与环境，2011，
21（11）：38-43.

［160］马树才，李国柱. 中国经济增长与环境污染关系的 Kuznets 曲线［J］. 统计
研究，2006（8）：37-40.

［161］毛志峰，任世清. 论人口容量与资源环境［J］. 中国人口·资源与环境，
1995（1）：75-79.

［162］中国财经新闻网. 三中全会后扩内需首子落地，消费金融公司试点扩容
［EB/OL］. 2013.

［163］宁军明. 基于消费行为视角的可持续消费分析［J］. 消费经济，2005，21
（6）：41-43.

［164］潘培，杨顺顺，栾胜基. 我国农村居民消费结构变化及其环境影响分析［J］.
安徽农业科学，2009，37（26）：12732-12735，12772.

［165］彭满如，金友良，范恣. 基于雾霾治理的企业环境绩效指标构建［J］. 中南
大学学报（社会科学版），2017，23（5）：114-121.

［166］彭希哲，钱焱. 试论消费压力人口与可持续发展——人口学研究新概念与
方法的尝试［J］. 中国人口科学，2001（5）：1-9.

［167］彭希哲，朱勤. 我国人口态势与消费模式对碳排放的影响分析［J］. 人口研
究，2010，34（1）：48-58.

［168］齐建国. 2002～2003 年中国经济形势分析与展望［J］. 财贸经济，2003
（1）：9-11.

［169］萨缪尔森，诺德豪斯. 经济学［M］. 北京：华夏出版社，1999.

［170］沈满洪，何灵巧. 外部性的分类及外部性理论的演化［J］. 浙江大学学报（人
文社会科学版），2002（1）：152-160.

［171］盛昭瀚，朱乔，吴广谋. DEA 理论、方法与应用［M］. 北京：科学出版社，
1996.

［172］世界自然基金会. 中国生态足迹报告［R］. 2012.

［173］宋马林，吴杰，杨力，等. 非期望产出，影子价格与无效决策单元的改进
［J］. 管理科学学报，2012，15（10）：1-10.

［174］苏利平，程爱红. 稀土企业环境绩效评价指标体系及模型构建［J］. 会计之
友，2016（24）：84-88.

［175］谭顺，戴建忠，刘建文．建国以来我国消费与生产关系演变的历史考察［J］．
海南师范大学学报(社会科学版)，2013，26(11):104−107.

［176］汤健，邓文伟．基于DPSIR模型的资源型企业环境绩效评价［J］．会计之友，
2017(1):61−64.

［177］田家华，邢相勤，曾伟，等．ISO 14031标准在国有资源型企业环境绩效评
价中的应用［J］．中国行政管理，2009(11):27−29.

［178］田雪原．人口与资源的可持续发展［J］．中国人口科学，1996(1):1−6.

［179］童玉贤．适度消费是实现可持续发展的重要途径［J］．生态经济，1998
(2):30−31.

［180］汪克亮，杨宝臣，杨力．中国省际能源利用的环境效率测度模型与实证研
究［J］．系统工程，2011，29(1): 8−15.

［181］王阿燕，李苍祺，王梦沙．我国土地财政与城市化关系的实证研究［J］．中
国市场,2015(17):191.

［182］王兵，吴延瑞，颜鹏飞．中国区域环境效率与环境全要素生产率增长［J］．
经济研究，2010，5: 95−109.

［183］王立猛，何康林．基于STIRPAT模型分析中国环境压力的时间差异——以
1952—2003年能源消费为例［J］．自然资源学报，2006，21(6):862−869.

［184］王群伟，周德群，葛世龙，等．环境规制下的投入产出效率及规制成本研究
［J］．管理科学，2009(6): 111−119.

［185］王群伟，周德群．能源回弹效应测算的改进模型及其实证研究［J］．管理学
报，2008，5(5):688.

［186］王熹，王湛，杨文涛，等．中国水资源现状及未来发展方向展望［J］．环境
工程，2014(7):1−5.

［187］王小亭，高吉喜．张家港碳排放人类驱动分析［J］．生态经济，2009(1):
55−58.

［188］王燕，王煦，赵凌云．钢铁企业环境绩效评价指标体系研究——基于生态
文明的视角［J］．生态经济，2016，32(10):46−50.

［189］王宇灵．基于多元主体博弈的甘肃省环境污染责任保险发展研究［D］．兰
州：兰州财经大学，2019.

［190］王兆华，丰超．中国区域全要素能源效率及其影响因素分析——基

于 2003-2010 年的省际面板数据[J]. 系统工程理论与实践, 2015, 35(6):1361-1372.

[191] 魏楚, 沈满洪. 能源效率与能源生产率:基于 DEA 方法的省际数据比较[J]. 数量经济技术经济研究, 2007(9):110-121.

[192] 翁一. 没有消费也就没有生产. 深圳特区报[N]. 2018-12-18(B11).

[193] 吴文恒. 基于消费水平的中国人口对资源环境影响研究[M]. 北京:科学出版社, 2011.

[194] 徐大佑, 韩德昌. 绿色营销理论研究述评[J]. 中国流通经济, 2007(4):49-52.

[195] 徐婕, 张丽珩, 吴季松. 我国各地区资源、环境、经济协调发展评价——基于交叉效率和二维综合评价的实证研究[J]. 科学学研究, 2007, 25(2):282-287.

[196] 徐滢. 中国工业部门能源反弹效应的估算及其对要素替代弹性影响的实证分析[D]. 大连:东北财经大学, 2011.

[197] 徐中民, 程国栋, 邱国玉. 可持续性评价的 ImPACTS 等式[J]. 地理学报, 2005(2): 198-208.

[198] 徐中民, 程国栋. 运用多目标决策分析技术研究黑河流域中游水资源承载力[J]. 兰州大学学报(自然科学版), 2000,36(2):122-132.

[199] 徐中民, 程国栋. 中国人口和富裕对环境的影响[J]. 冰川冻土, 2005(5):767-773.

[200] 许进杰. 资源环境约束下的居民消费模式研究[D]. 成都:西南财经大学, 2009.

[201] 许良虎, 马丽. 企业环境绩效审计评价指标研究[J]. 商业会计, 2011(21):45-46.

[202] 杨子晖. 经济增长、能源消费与二氧化碳排放的动态关系研究[J]. 世界经济, 2011(6):100-125.

[203] 姚翠红. 基于内部管理要求的钢铁企业环境绩效评价[J]. 财会通讯, 2017(19):40-43.

[204] 尹世杰. 消费经济学(第二版)[M]. 北京:高等教育出版社, 2007.

[205] 尹世杰. 消费需求与经济增长[J]. 消费经济, 2004, 20(5):5.

［206］余春祥.可持续发展的环境容量和资源承载力分析［J］.中国软科学，2004，2：130-133.

［207］余怒涛.企业环境绩效：评价与实证研究［J］.会计之友，2017（18）：2-8.

［208］袁晓玲，张宝山，杨万平.基于环境污染的中国全要素能源效率研究［J］.中国工业经济，2009（2）：76-86.

［209］岳锋利.节能环保产业的外部性分析［J］.贵州财经大学学报，2010，28（5）：25-28.

［210］张国兴，张振华，高杨，等.环境规制政策与公共健康实践——基于环境污染的中介效应检验［J］.系统工程理论与实践，2018，38（2）：361-373.

［211］张晓山.我国现阶段农民消费行为研究［J］.经济研究参考，1999，3：2-23.

［212］张艳，陈兆江.企业绿色供应链中基于标杆管理的环境绩效评价［J］.财会月刊，2011（27）：51-53.

［213］张永红，程丽媛，李仪.煤层气企业环境绩效评价指标体系构建——基于BSC和GEVA［J］.会计之友，2018（2）：102-106.

［214］张永良，洪继华，夏青，等.我国水环境容量研究与展望［J］.环境科学研究，1988，1（1）：73-81.

［215］赵丽娟，罗兵.绿色供应链中环境管理绩效模糊综合评价［J］.重庆大学学报（自然科学版），2003（11）：155-158.

［216］郑季良，邹平.对企业环境绩效的思考［J］.生态经济，2005（10）：109-111，119.

［217］郑清英.中国造纸及纸制品行业能源效率及节能途径研究［D］.厦门：厦门大学，2017.

［218］中国网财经.商务部：我国消费结构升级仍处于上升期［EB/OL］.2019.

［219］中国政府网.习近平出席全国生态环境保护大会并发表重要讲话［EB/OL］.2018.

［220］周勇，林源源.技术进步对能源消费回报效应的估算［J］.经济学家，2007（2）：45-52.